U0392076

第六号元素

[美] 西奥多·P.斯诺 [美] 唐·布朗利 著

王文浩 译

THE SIXTH ELEMENT
How Carbon Shapes Our World

中信出版集团｜北京

图书在版编目（CIP）数据

第六号元素 /（美）西奥多·P. 斯诺，（美）唐·布
朗利著；王文浩译. --北京：中信出版社，2025.2.
ISBN 978-7-5217-6716-2

I. O613.71-49

中国国家版本馆CIP数据核字第 2024ZA4462 号

第六号元素

著者：　　〔美〕西奥多·P. 斯诺　〔美〕唐·布朗利
译者：　　王文浩
出版发行：中信出版集团股份有限公司
　　　　　（北京市朝阳区东三环北路 27 号嘉铭中心　邮编　100020）
承印者：　三河市中晟雅豪印务有限公司

开本：787mm×1092mm　1/32　　印张：8.25　　　字数：160 千字
版次：2025 年 2 月第 1 版　　　　印次：2025 年 2 月第 1 次印刷
京权图字：01-2024-6017　　　　　书号：ISBN 978-7-5217-6716-2
定价：65.00 元

目录 | CONTENTS

在静谧的清晨，你悠然漫步于林间小道，细碎的阳光透过树叶的缝隙倾洒而下，光影交织、错落有致。你是否曾思索过，在这看似稀松平常的景象背后，一场奇妙的"化学魔术"正悄无声息地上演——植物中的叶绿体，巧妙借助太阳光的能量，将二氧化碳转化为维系生命的能量与物质，而这一神奇过程的核心正是碳元素。在寒冬腊月的夜晚，家中暖炉里的煤炭熊熊燃烧，为我们驱散周身寒意，这同样是碳元素在大显身手。从这些日常细微之处，便能真切感知到，碳元素神秘莫测却又无处不在，与我们的生活紧密交织。

然而，当我们将视野从生活的琐碎中拉远，望向浩瀚的宇宙时，一个更为深邃、引人探寻的问题扑面而来："我们从何而来，又将去往何方？"在漫长的人类历史长河中，古人们仰望星空，凭借着天马行空的想象力给出了诸多朴素的猜想。但随着科学的发展，我们逐渐发现，碳元素宛如一条若隐若现却强韧无比的丝线，巧妙地串联起宇宙的诞生、地球的演化以及人类社会的进步，悄然为我们解答着这一终极谜题。《第六号元素》这本书，恰如一位经验丰富、风趣幽默的领航员，引领我们畅游碳元素构建的奇妙宇宙，为我们点亮一盏熠熠生辉的智慧明灯。

这本书开篇追溯宇宙的起源。碳元素的诞生是一场波澜壮阔的星际传奇，炽热的恒星内部如同宇宙间最精密的炼金工坊，核聚变反应以其无与伦比的力量将简单元素逐步锻造成碳元素。书中对于碳在恒星中形成机制的详细解析，如伽莫夫等科学家对早期宇宙元素形成的研究，以及霍伊尔提出的三 α 反应等内容，为我们展现了基础科学研究在揭示元素起源这一宏大叙事中的关键作用。这不禁让我们联想到在半导体材料的研发中，对硅等元素的深入研究促成了现代电子工业的腾飞。如今，科研人员受碳元素在宇宙极端环境下诞生历程的启迪，大胆地在实验室里模拟恒星的高温高压环境，试图揭开新型碳基材料合成的神秘"配方"。例如，在高温高压的实验环境下，科研团队成功合成出具有特殊性能的碳纳米结构，为材料科学的发展带来了新的曙光。

在地球这个生命的摇篮中，碳的分布与循环构成了一张紧密交织的精妙生态网络。虽说地球的整体碳含量不算高，其表面却孕育出了丰富多彩的富碳生态环境。碳在大气、海洋、陆地以及生物群落之间持续不断地流转循环，如同地球生命的血液循环系统，维持着生态的平衡与稳定。书中所提及的碳酸盐-硅酸盐循环，就像是天然"稳定器"，在漫长的地质岁月中默默守护着地球的气候环境。这一自然循环机制为我们应对气候变化挑战提供了宝贵的借鉴思路。科技人员从中汲取灵感，积极研发创新技术以促进或模拟这一循环过程。以碳捕集、利用与封存（CCUS）技术为例，科研人员通过设计特殊的化学吸收剂和催化转化体系，能够高效地从工业废气或大气中捕获二氧化碳，并将其转化为有价值的化学品或燃料。这不仅有效降低了大气中的二氧化碳浓度，缓解了全球变暖的压力，还实现了碳资源的循环利用，为可持续发展开辟了新的途径。

碳与生命的紧密关联贯穿了整个生命演化历程。从生命诞生的最初瞬间起，碳就凭借其独特的化学性质，成为构建生命大厦的基石。它能够以丰富多样的方式与其他元素结合，形成诸如蛋白质、核酸、碳水化合物等生命的基本物质。在生物医药创新领域，碳元素的重要性更是不言而喻。例如，基于碳的纳米材料在药物递送系统中展现出了卓越的性能。科研人员利用碳纳米管、石墨烯等材料的独特结构和性质，成功构建了高效的药物载体。这些纳米载体能够精确地将药物分子运输到病灶部位，实现药物的靶向释放，显著提高了药物的疗效，并降低了副作用。同时，在基因治疗领域，碳基材料也在基因编辑工具的研发中发挥着关键作用。修饰碳纳米材料的表面性质之后，这些材料能够有效地携带和传递基因编辑分子，为攻克一些遗传病带来了曙光。

在人类社会的生产生活中，碳的应用广泛而深远，几乎渗透到了每一个角落。

从传统的能源领域来看，煤炭、石油等碳基能源长期以来支撑着人类社会的发展，但也引发了一系列环境问题。这促使科技人员积极探索更加清洁、高效的碳基能源利用技术和替代方案。在煤炭清洁利用方面，研究人员研发出了先进的煤炭洗选和转化技术。通过精细化的煤炭洗选工艺，可以去除煤炭中的杂质和硫分，降低燃烧过程中的污染物排放。同时，煤炭气化和液化技术的发展，将煤炭转化为清洁的气体或液体燃料，提高了能源利用效率。在可再生能源领域，生物质能的利用也与碳元素密切相关。利用生物质发酵技术生产生物乙醇、生物甲烷等燃料，实现了碳的循环利用，减少了对传统化石能源的依赖。

在材料科学领域，碳的同素异形体如石墨烯、富勒烯等展现出了独特的物理和化学性质，为材料创新提供了广阔的空间。石墨烯以其优异的导电性、高强度和高导热性，在电子器件、储能材料、复合材料等领域引发了研究热潮。例如，在电子器件中，石墨烯被应用于制造高速晶体管和柔性电子显示屏，有望推动电子信息技术的革命性发展。在储能领域，石墨烯基超级电容器和锂离子电池电极材料的研究取得了显著进展，为解决能源存储问题提供了新的思路。

这本书中针对大气中碳与气候、宜居性之间关系的深入探讨，更是为我们敲响了应对气候变化的警钟。随着全球气候变暖的加剧，控制大气中二氧化碳等温室气体的排放成为全人类共同面临的紧迫任务。除了CCUS技术，科研人员还在积极研发新型的低碳排放技术和负排放技术。在低碳排放技术方面，太阳能、风能、水能等可再生能源的开发利用技术不断创新，提高了清洁能源在能源结构中的占比。在负排放技术方面，通过大规模植树造林、海洋碳汇等方式，增加自然碳汇的能力，实现从大气中吸收二氧化碳并长期储存。同时，利用卫星遥感和地面监测网络相结合的技术手段，对大气中的碳浓度进行实时监测和分析，为政策制定和技术研发提供了科学依据。

从科技创新的战略高度审视，《第六号元素》为我们提供了丰富的思路和明确的方向。我们既要紧密关注基础科学研究的前沿成果，深入挖掘碳元素在各个领域的潜在应用价值，又要积极促进跨学科的深度融合与协作，因为碳元素的研究和应用涉及物理学、化学、生物学、材料科学、能源科学、环境科学等多个学科领域，其复杂性和综合性要求我们打破学科界限，整合各方优质资源。唯有不同学科的专家学者紧密携手、协同创新，方能全方位、深层次洞悉碳元素的特质与潜能，实现从基础研究到实际应用的高效转化。

在未来充满无限可能的科技创新征程中，碳元素必将继续在科技创新的舞台上扮演核心角色。无论是在寻求解决全球能源危机和环境问题的有效方案，还是在推动材料科学、生命科学、能源科学等前沿领域的创新突破，碳都是不可或缺的关键元素。

作为科技创新的践行者，我们理应从这本书中汲取无尽的智慧和灵感，将碳元素的科学知识巧妙地转化为实际的科技成果，为人类社会的可持续发展注入强大动力。

让我们紧握碳的神奇画笔，在科技创新的宏伟画卷上精心描绘出更加美好的未来，全力创造一个更加绿色、高效、宜居的世界。期待每一位读者都能从《第六号元素》中获得启发，共同参与到碳元素科技转化的伟大事业中来，携手共创人类科技与文明的新辉煌。

郑庆伟

启迪之星常务副总经理、清华大学化学系博士

推荐序 2

"氢氦锂铍硼，碳氮氧氟氖，钠镁铝硅磷，硫氯氩钾钙……"当我们在中学教室里摇头晃脑地背诵元素周期表口诀时，就开始了与碳元素的第一次相识。此后，碳元素作为一个冰冷的符号"C"，无数次地出现在我们的试卷中，它通常在化学反应式中扮演配角，与活跃的氧元素相比显得毫不起眼。等我们抛开试卷的束缚，走出教室，真正走进生活，走进自然，还能对碳了解多少呢？

随着年龄的增长，我们以更加成熟的眼光审视这个世界，碳元素以全新的面貌再次进入我们的视野。早晨醒来，当我们拉开窗帘，让阳光洒满房间，那温暖的光芒中就蕴含着碳的踪迹。空气中，二氧化碳虽然只占极小比例，却是地球大气层的重要组成部分，维持着生命的呼吸循环。我们走出家门，街道上汽车疾驰而过，驱动车轮的汽油正是碳的另一种形态。走进超市，琳琅满目的商品，从塑料包装到合成纤维衣物，无一不彰显着碳的贡献。当我们拿起一支铅笔，在纸上勾勒出心中的梦想时，那黑色的笔迹便是碳的杰作。在艺术画廊里，一幅幅精美的油画也是通过碳基颜料才得以流传百世。夜幕降临，电灯亮起，那温暖的光芒背后是碳基半导体材料的默默奉献。碳，这种看似简单却内藏乾坤的元素，就像一位无形的艺术家，用它的魔力装点着我们的生活，让世界变得绚丽多彩。

翻开《第六号元素》这本书，就像打开一扇通往碳元素奇妙世界的大门。作者西奥多·斯诺和唐·布朗利以科学家的严谨学识和作家的生动语言，将碳的故事娓娓道来，为我们描绘了一幅关于碳元素的壮丽画卷。书中详细阐述了碳元素在宇宙中的起源、演化以及在自然界中的存在形式，还深入探讨了它在能源、材料、生命科学等领域的广泛应用，更激发了我们对碳元素无尽魅力的深刻思考。

在国家博物馆的展厅中，我曾见过几块出土于河南安阳殷墟的古老木炭，它们是商朝后期工匠熔炼青铜的主要燃料，距今已逾三千年，依然诉说着碳元素在时间长河中的循环不息。而当我们将目光投向更遥远的过去，石炭纪的煤炭，那距今约三亿年的沉睡宝藏，更是碳元素悠久历史的见证。倘若我们放眼宇宙的宏大尺度，碳则是恒星核聚变的产物，是星系演化的见证者。从恒星内部的激烈核反应到星际空间中缥缈的分子云，从行星的诞生到生命的起源，碳无处不在，无时不在发挥着它的作用。

碳是宇宙的奇迹，也是生命的奇迹。虽然在地壳中的含量并不高，但它是构成生命体的基本元素。"碳这种元素的独特之处在于它能够与自身或许多其他重要元素形成各种化学键"，从微小的细菌到庞大的蓝鲸，从简单的氨基酸到复杂的DNA，生命的每一个角落都镌刻着碳的印记。

然而，碳元素的故事并非总是充满阳光，它也伴随着阴影与挑战。随着人类文明的进步和工业化的加速发展，全球正面临着一场前所未有的挑战——气候变暖。极端天气事件频发、冰川加速融化、海平面不断上升……这一系列严峻的事实都在告诫我们——地球正在"发烧"。在这场关乎存亡的重大挑战中，碳成了全球关注的焦点，"碳中和"与"碳达峰"逐渐成为全球共识，成为拯救地球、保护家园的关键行动。碳中和旨在通过植树造林、节能减排、可再生能源替代等手段，抵消自身产生的二氧化碳排放量，实现二氧化碳的"净零排放"；而碳达峰则是指二氧化碳排放量在某个时点达到历史峰值后逐步回落。这两个目标的实现，不仅关乎地球的未来，更关乎人类的命运。《第六号元素》中写道："碳是元素周期表中唯一有自己名头的税种的元素。"这既是对碳的重要性的肯定，也是对人类责任的提醒。

《第六号元素》以其独特的视角和深邃的洞察力，为我们展示了碳元素的神奇魅力。作者巧妙地运用了丰富的历史典故、科学实验和生动案例，将原本枯燥的科学知识变得鲜活有趣。无论是讲述拉瓦锡夫妇如何发现碳元素，还是描绘米勒-尤里实验如何模拟原始地球环境合成氨基酸，都让读者仿佛置身于科学探索的第一现场，感受到了科学的魅力与乐趣。在沿着碳的足迹探秘的过程中，或许你会发现，原来那些看似平凡无奇的事物背后，都蕴藏着如此丰富的科学知识和哲学思考。

碳元素通过板块构造运动、火山喷发等活动，不断地从地球内部释放到大气和海洋中，又通过光合作用、化学风化等过程被重新吸收和固定。这个循环过程维持了地球的气候稳定，也为生命的演化提供了源源不断的能量和物质。正如著名化学家安托万·拉瓦锡所言："没有什么失去，也没有什么产生，一切都只是转换。"碳元素在自然界中的循环与转化，正是这一哲学思想的生动体现，而《第六号元素》这本书，则是对这一思想的深刻诠释。

认知是我们理解世界的钥匙。我们只有深入了解无处不在的碳，才能更好地掌握其规律、发掘其价值、控制其风险。我们有责任、有义务共同守护这个由碳元素编织而成的美丽家园，唯有如此，才能在蓝天白云下自由呼吸，在绿水青山中快乐生活。

马志飞

北京市地勘院高级工程师、科普作家

在充满奇迹的宇宙中，碳确实是一种奇妙的元素。碳可以很硬，也可以很软；它可以是乌黑的，也可以比水晶更清澈。它是在炽热的恒星内部炼就的。当它以纯净的钻石形式存在时，你摸上去会感觉冷，但实际上它是最好的热导体。碳燃烧时会产生热量，正是这种热量使人类数千年来得以取暖，并为工业革命提供动力。我们一生中会吃掉大量的碳，而被我们吞下的这种碳元素组成的物质，形态犹如一把"瑞士军刀"，化学功能独特，使得它构成了我们生命的实质性支柱。正如乔尼·米切尔在她的歌曲《伍德斯托克》中所唱的那样："我们是几十亿年前碳的……星尘。"

本书只介绍一种天然存在的化学元素。碳被认为是第六号元素，因为它的原子核中有 6 个质子，核外则有 6 个电子来平衡质子所带的正电荷。要说在太阳中的丰度，碳是仅次于氢、氦和氧的第四丰富的元素。奇怪的是，尽管碳在恒星中含量很高，但它在我们这颗行星的内部相对罕见。我们能在地表附近看到很多碳，但从整个星球的平均水平来看，实际上碳是一种稀有元素。我们生活在一个贫碳星球表面的富碳环境中。我们将在第 3 章中解释这是如何发生的，以及为什么地球与太阳系外的许多天体不同。

在本书中，我们还将讨论碳是如何被发现的，了解这种重要元素如何极大地促进我们对自然的科学理解。我们将看到这种元素是如何在恒星中形成的，碳原子是如何在地球上形成的，以及为什么它可以形成如此多的化合物，而这些化合物正是我们生存的关键。我们将探讨第六号元素对人类历史的一些影响、它的许多重要用途，以及它在我们星球的过去和未来中所起的作用。

像其他比氢重的元素一样，碳原子只有一个微小的核。这个核由质子和中子组成，它们的质量相对于围绕着核的电子要大得多。然而，与所有其他元素不同的是，碳原子能够与其他原子结合，形成具有非凡化学性质和物理性质的物质。就碳原子与其他原子结合这一点而言，碳可以制造出种类几乎无限的化合物，包括一些非常复杂的化合物。正是这些非常复杂的化合物让生命得以出现，然后经过地质时期的演化，产生我们所知的活的生物体。

碳可能只是近百种自然存在的元素之一，却从所有其他元素中脱颖而出。作为单质，它能够以各种不同的固体形态存在，如炭黑、石墨、钻石、富勒烯、纳米管和只有一个原子厚度的碳晶格。当碳与其他元素结合时，它们可以形成几乎无限多种化合物。这些化合物是如此重要，以至于它们有自己的学科类别名称，叫作"有机化学"。

碳单质有几种已知的天然形式，而非天然的形式至少有一种。最简单的碳单质形式就是只有一个原子，但这种形式的碳在地球上是无法找到的，因为碳原子总是附着在任何东西上形成分子。只有在与世隔绝的星际空间中，才能发现单个碳原子。比单个碳原子复杂的是碳链，也就是碳原子排成一行形成的单链，它们的自然状态也只能存在于星际空间。

在碳原子相互结合后，它们可以形成被称为石墨烯的薄片。当石墨烯片堆叠在一起时（这很容易做到），我们就有了石墨，这种材料可以让铅笔画出黑线。石墨烯片还可以卷曲形成微小的中空纳米管，进一步卷曲则可以形成富勒烯（也称巴基球，以发现者巴克敏斯特·富勒的名字命名）。自然界中最丰富的富勒烯形态就是类似足球的准球状分子C_{60}。众所周知，碳还可以形成最高级的矿物——钻石晶体。我们将专门辟出一章来介绍它。纯碳环也是可能存在的：由 18 个碳原子构成的环碳分子是目前唯一被制造出来的纯碳环。理论上早就预测了这种结构的存在，但直到 2019 年，人们才真正合成这种结构。因此，尽管我们已知的碳的形态多得令人难以置信，但总有更多的形态等待着我们去发现。

作为天文学家，本书的两位作者将不可避免地从广袤的宇宙角度来探讨碳的许多方面。作为科学家，我们非常重视与这一特定元素有关的基础科学问题。由于碳在人类历史和科学史上发挥着令人难以置信的重要作用，因此我们也选择从历史的角度来看待碳。碳的广泛历史包括它的起源、为什么说它是形成几乎所有其他化学元素的基本门户、它是如何在太空中演化的、它如何来到地球，以及它如何被用来制造生命和推动我们这个星球的演化。早期人类对碳的处理方式带来了取火技能和洞穴绘画，随后对碳的使用演变成科学的基础，以及我们对原子和物质的最初理解。故事到现在还没有结束，物理学和天文学的发现清楚地表明，碳在未来数万亿年内将发挥基础性作用，因为碳在各种截然不同的环境中循环，并最终在遥远的未来那难以描述的深时被摧毁。

我们这个时代最具挑战性的科学努力之一是预测和了解二氧化碳（CO_2）的积累对未来的影响，以及它对作物、极地冰山、海平面、天气和全球经济的影响。如果说哪种元素对地球、对我们的生命有极为重大的影响，那么碳独树一帜。不管你喜不喜欢，驱动现代世界的能源很大程度上仍然来自燃烧含碳化合物产生二氧化碳的化学反应，就像最初的穴居人所做的那样。碳是元素周期表中唯一有自己名头的税种的元素。从1990年的芬兰开始，许多国家有了某种形式的碳税，以鼓励国民改用其他形式的能源生产，从而减少温室气体二氧化碳的产生。我们将在第8章讨论其中的一些问题。

学过生物学的人都知道，第一节课是告诉我们生命以碳为基础，碳这种元素的独特之处在于它能够与自身或许多其他重要元素形成各种化学键。然而，碳的许多作用及其独特性质和化学反应经常被低估。我们写作本书的主要目的是尽可能多地展示第六号元素的荣耀：从最早的已知文字和绘画到最新的纳米技术；从它在恒星中的诞生到它在地球形成中的作用，再到它的许多生命形态的作用（人类创造出这些物质，用以维持生命，以及美化和增强生命）；以及它在建设和发明并将文学、艺术、音乐、法律、数学及其他形式的知识积累传授给后代等方面的作用。

在第6章中，我们将重点关注第六号元素所催生的令人惊叹的材料、工具和技术，以及它们塑造历史和我们日常生活的一些方式。这里仅举一个例子：碳在使记录历史得以实现方面所发挥的重要作用。早在两万年前，在法国西南部的多尔多涅地区，木炭就被用来制作著名的旧石器时代洞穴绘画。对现在活着的大多数人来说，他们所学的很多东西都是从阅读用炭黑印刷的文献中学到的。直到最近，碳还被用来创造几乎所有的手写或印刷文字。《大宪章》和《独立宣言》，还有计算机文字处理技术出现之前的所有文献，都是用墨水或铅笔中的"铅"（碳和黏土的混合物）里的微小碳颗粒写成的。

碳在我们生活中发挥着另一项经常不被重视的功能，那就是它为我们提供了颜色。除了海洋和天空，丰富我们日常生活的大多数颜色都涉及含碳化合物，即使它们只是将无机颜料结合在一起的黏合剂。一些颜料来源于煤焦油或其他石化产品。我们这颗碳覆盖的丰富多彩的星球，与火星、月球和金星这些太空中相对单调的邻居形成了惊人的反差。除了看不见的二氧化碳，这些天体中并无数量显著的含碳化合物。它们的表面没有被植物或颜料覆盖，所以它们呈现出令人麻木的单一色调，要么是灰色，要么是红色。

第六号元素为我们提供了数量惊人的功能，而这些功能可能经常被忽视。钢是大多数建筑、桥梁、车辆和现代战争的支柱。但钢里不只有铁元素，通过添加少量的碳来增加铁的强度，掺碳大大提高了钢的性能。汽车、卡车和公共汽车的轮胎都使用一种神奇的材料——橡胶，这种材料由碳聚合物基质中混入微小碳颗粒制成。车辆行驶的道路要么是沥青路面，要么是混凝土路面。而沥青是石油和石子的混合物，混凝土则是由岩石、石灰和黏土制成的，其中的关键成分石灰是由石灰石经过煅烧制成的。到目前为止，石灰石是地球外层碳的主要存在形式。仅仅是道路和建筑用混凝土的生产所排放到大气中的二氧化碳，就占到人类产生的二氧化碳总量的 5%。

人和动物吃的所有食物，以及大部分食品包装材料，都是由含碳化合物组成的。你佩戴的钻石和用来从山石上切割出花岗岩台面的钻石，都属于碳单质。你所呼吸的空气主要由氮和氧组成，而二氧化碳的浓度很低（0.04%）。但是，二氧化碳在控制我们星球的长期宜居性方面发挥着重要作用。当然，它也是参天大树及其他所有植物的碳源，使得植物能够利用阳光提供的能量来生长。虽然充入二氧化碳气体的香槟酒和碳酸饮料很受欢迎，但由于二氧化碳在全球变暖中的负面作用，人们普遍对它持嘲讽态度。具有讽刺意味的是，我们离不开这种"有毒气体"，因为它是我们星球的"生命之粮"。

我们将讨论塑料。作为一类含碳化合物，塑料已经彻底改变了我们的社会。塑料有天然产物与人工制品之分——天然的如琥珀，但更主要的是人工制品。自第二次世界大战以来，人类已经生产了近 100 亿吨合成塑料，其原料通常来自石油，而碳是石油中的主要成分。无论是作为垃圾还是作为我们离不开的产品，塑料都已经无处不在。尽管提到塑料，会让人想起地球和海洋中的废弃物和污染，但它们也以非凡的方式丰富着我们的生活。塑料的使用场合似乎无穷无尽，我们的一些高精尖材料就是塑料。例如，由环氧树脂和石墨纤维制成的复合材料被用于制造航天器、网球拍、飞机、滑板、昂贵的汽车和洲际弹道导弹的弹头等产品。电视和手机上所用的最高质量显示屏是由有机发光二极管（OLED）制成的。"OLED"是首字母缩写，其中"O"的全称"organic"（有机）并不意味着它诞生于不使用农药的农场里，而是表示它由含碳–氢键和碳–碳键的碳基分子构成。这种"误解"是科学术语被误用的常见例子，或者至少是一种替代用法。根据科学定义，一氧化碳（CO）、二氧化碳和氰化物不是有机分子，尽管杂货店里的几乎所有食物（包括传统种植的蔬菜）都是由有机分子组成的。

很难想象，生活在没有塑料的现代世界是什么情形。一个简单的例子是拉链袋提供的方便。几千年来，人们用葫芦、黏土罐、篮子或动物内脏作为容器来存储珍贵的食物和水，但与耐用、透明、比头发丝还薄、几乎没有重量还可以使用多年的聚乙烯材料制成的结实防水袋相比，这些容器的实用性相形见绌。然而，现在我们使用了太多的塑料袋、塑料包装和塑料容器，它们已经成为严重的环境公害。

我们将看到，像许多其他东西一样，碳元素既有正面的潜力和属性，也有负面的潜力和属性。开采并使用煤炭和石油，甚至吸入营火的烟灰，都会对现在和过去的人类健康造成严重后果。化石燃料的燃烧导致了二氧化碳的积累，这引发了人们对人类造成的全球变暖和海平面上升的担忧。具有放射性的碳–14（^{14}C）是由宇宙射线撞击大气层顶部的氮产生的（核弹试验也会有一定的贡献），它为确定人类文明诞生以来的事件发生的年代提供了一种奇妙的手段，但与煤炭一样，它也有副作用。我们体内 1/2 的放射性是由碳–14 的衰变引起的，其衰变速率高达每秒钟 4 000 次。想到这一点就令人惊讶：我们身体中碳原子的浓度可以使盖革计数器因过载而失灵，而大气层边缘产生的放射性碳和正常碳都被用于构建植物结构，这些植物最终又会被我们吃掉。我们体内另外 1/2 的放射性来自骨骼中天然钾的衰变。尽管这种放射性听起来糟糕得吓人，但据说DNA（脱氧核糖核酸）

中碳-14 的衰变可能在基因突变中发挥了作用，使物种能够在长时间尺度上演化。

我们对第六号元素的研究，将使我们了解碳在这些方面和其他伦理方面的用途。我们将走进大科学家（物理学家、化学家、天文学家、生物学家等）的实验室，他们为我们理解碳元素和元素的确切含义做出过贡献，而这些实验室曾在科学史上发挥至关重要的作用。科学家或那些曾经被称为自然哲学家的人花了几个世纪的时间，才弄清楚什么是元素。起初，人们对元素的理解只能通过其行为特征来完成：如果一种特定物质在化学反应中总是以相同的方式起作用，并且不能分解成具有不同性质的次一级物质，它就被认为是一种元素。直到后来，元素的特性、原子和原子结构之间的联系才被理解。

奇妙的碳元素在最宏大的意义上真正塑造了"我们的世界"，包括地球上生物的起源和演化，而且我们对碳的理解可以延伸到宇宙的整个空间和时间尺度上，涵盖已经发生和将要发生的无数核反应和化学反应。

第 1 章

碳的发现、起源和扩散

在人类历史之初，碳就已经为人所知。然而，人们对碳的本质的真正了解是两个世纪前的事情，那时近代科学刚刚兴起，人们开始用仪器和实验来探测物质的性质。到 18 世纪末法国大革命爆发时，像欧洲其他地方的情况一样，法国的科学正在起步。人们开始尝试新事物，提出新思想。当时，人们对太阳系的认识已经转换成以太阳为中心的星系；人们已经对万有引力定律和运动定律掌握得很好；天文学家威廉·赫歇尔发现了太阳系的第七颗行星；化学正进入一个革命性的发展时期，因为人们认识到物质是由不可分割的元素组成的，不能通过化学或机械过程分解成更小的成分。

法国化学家安托万·拉瓦锡（1743—1794 年）在其妻子玛丽-安妮·波尔兹·拉瓦锡（1758—1836 年）的大力协助下，在近代化学诞生的过程中发挥了重要作用（图 1-1）。

这项工作是以有条不紊且高度科学的方法完成的。拉瓦锡

图 1-1　拉瓦锡夫妇。安托万一直被认为是"近代化学之父"。为了表彰玛丽-安妮·波尔兹·拉瓦锡在 18 世纪作为一名女科学家所做的贡献，一些人建议将她视为"近代化学之母"

资料来源：雅克-路易·大卫（1748—1825 年），《安托万·洛朗·拉瓦锡（1743—1794 年）和他的妻子玛丽-安妮·皮耶特·波尔兹（1758—1836 年）》，1788 年创作的油画，收藏于纽约大都会艺术博物馆。

在化学实验前后仔细测量了各种成分，以便定量了解和记录所发生的事情。当涉及气体时，他们便在密封室中进行实验，这样就不会有任何东西泄漏或侵入。他们测量了反应发生前后所有成分的重量。这项工作的一个重要推论是质量守恒定律，在法国被称为拉瓦锡定律：物质在化学反应中既不产生也不被消灭。这句话的原文是"*Rien ne se perd, rien ne se crée, tout se transforme*"（没有什么失去，也没有什么产生，一切都只是转换）。

和当时的其他化学家一样，拉瓦锡对燃烧感兴趣。许多实验者专注于各种材料的燃烧，包括木炭和石墨。先前的实验表明，石墨和木炭在燃烧时都会产生"成分固定的气体"（现在称为二氧化碳），从而逐渐导向这些物质之间一定有关联的结论。让解释这些实验变得复杂的一个因素是，人们普遍认为，燃烧会释放出一种被称为"燃素"的无色、无臭、无味、重量极轻的物质。这个有趣的名字来自希腊语中"燃尽"或"火焰"的意思。没有人知道什么是燃素，也不知道它是如何与其他物质相互作用的，但人们认为，当某种东西燃烧时，其中的燃素就会释放出来。在英国，约瑟夫·普里斯特利将氧气从空气中分离出来，并称之为"去除燃素的气体"。很长一段时间以来，没有人意识到燃烧过程中没有损失，而是添加了一些东西（氧气）。

拉瓦锡夫妇做了许多实验，旨在发现燃烧的性质并分离出燃素（图 1-2）。按照惯例，他们煞费苦心地对燃烧物和产物进行称重和测量。运用这种出色的科学方法，他们发现，每当他们

图 1–2　法兰西巴黎科学院的巨大烧瓶，18 世纪。它是在安托万·拉瓦锡等人的指导下建造的，用于化学实验

资料来源：*Les applications de la physique* by Amédée Guillemin (Paris, 1874). Oxford Science Archive/Heritage images/Science Photo Library。

在密闭容器中燃烧东西时，燃烧物加上容器内气体的总重量保持不变。在某些情况下，产物的重量增加，而增加的部分与气体重量的损失部分相等；在其他情况下，燃烧物部分或完全消失，而气体增加的重量恰好等于样品失去的重量。不论是哪种情况，空气中都有一种成分被提取出并与燃烧物结合在一起。当时的人们将这种成分称为"救命气体"，而现在我们称其为氧气（由拉瓦锡命名，明确了它由氧元素组成）。实验表明，燃烧过程是在燃烧物中添加一些东西，而不是让燃烧物损失某种东西。这一发现宣告了燃素学说的消亡。1783 年，拉瓦锡向法兰西科学院宣读了他的论文《哲学反思》，这是对此前用于解释燃烧现象的燃素理论的攻击。从此，燃素概念在 18 世纪末失去了魔力，被丢弃进历史的垃圾箱。

拉瓦锡的实验表明，在木炭的燃烧过程中，氧从空气中被提取出来并产生"成分固定的气体"，即二氧化碳。无论焚烧的物质是木炭还是石墨，都会发生这种情况。（或者燃烧钻石——为了了解燃烧的化学机制，拉瓦锡真的让一些钻石变成了气态。如果在 750 摄氏度以上的空气中对钻石加热，钻石就会发生完全燃烧。）到 18 世纪 80 年代中期，拉瓦锡和其他人已经确定，石墨和木炭中的易燃物质是相同的，这种物质与氧结合产生二氧化碳。他用法语单词"carbone"来命名这种物质，其英语中的对应词为"carbon"（碳）。事实上，碳本身并不分解成其他物质，而是与其他物质结合，之后可以复原，这表明碳是一种元素。拉瓦锡的实验还表明，水不是一种元素，因为它是可以分解的；水可以分解成氧和氢。那个时候还没有发展出原子理论，因此除了化学特征，人们对元素本质的认识还没有确立。

不幸的是，拉瓦锡没能活到发现原子理论。1794 年 5 月 8 日，他和包税事务所的其他 27 名成员一起被送上断头台。包税事务所向国王支付一笔钱订立一份合同，获得国王授权对外征税。拉瓦锡是一个"包税官"，他妻子的父亲也是，他们在同一天被送上断头台。包税官是旧政权中最令人憎恨的成员之一，在革命者掌权后，他们被列为首要打击对象，尽管一部分税收被用于资助开启理解化学机制和物质性质的新时代之门。这是一场社会爆炸，而不是安托万·拉瓦锡在实验室所做的化学爆炸。具有讽刺意味的是，一个开创了科学革命并命名了氢、碳和氧的人，却在一个所谓最好也最坏的时代被故意杀害了。但玛丽－安妮·拉瓦锡并不在法国大革命期间被送上断头台的 17 000 人之列，她组织出版了丈夫生前整理的最后一批科学文献《化学基础论》，这是他和他的同事展示新化学原理的论文汇编。她还抢救了拉瓦锡的笔记本和实验室仪器，其中大部分现在由康奈尔大学收藏。

在法国大革命后的几个世纪里，继拉瓦锡夫妇之后的其他许多人相继取得发现，化学家和物理学家发展了原子结构理论和对化学元素的理解，成功地解释了气体和液体中的原子是如何相互作用的。用现代术语来说，化学元素的特征由其原子的结构确定，一个原子由原子核（带正电的质子和不带电荷的中子构成的基团）和核外电子组成。电子在距原子核很远的位置绕核运动（这里说的"很远"是相对于原子核的大小而言的，尽管这个距离按照人类的标准可看成无穷小），它们的运行轨道被限制在与原子核平均距离固定的位置（稍后会详细介绍）。

每种元素的身份和化学特性由该元素的质子数和核外电子数决定。氢是最简单的元素，其原子核中只有一个质子，核外有一个电子；其次是氦，其原子核有两个质子和两个中子，核外有两个电子；然后是锂，其原子核有 3 个质子、3 个电子，以及 3 个或 4 个中子（具有 4 个中子的形式在自然界要丰富得多）。锂之后是所有其他元素，从铍（4 个质子）到铀（92 个质子）。铀以后还有一些元素，一些元素的原子核含有多达 118 个质子。[1] 还有更多的元素有待发现，尽管铀以外的元素预期寿命非常短暂。

碳是一种适中的元素，其原子核含有 6 个质子和 6 个中子，通常在中性状态下被 6 个电子包围。那么，碳有什么特别之处呢？为什么我们要把它单独挑出来作为本书的主角呢？自然存在的元素可以有近 100 个质子，因此，如果质量是衡量元素价值的指标，那么碳处于这个序列的低端。尽管碳的质量很小，但在许多方面碳是最重要的元素之一，因为如果没有它的特殊化学性质和核特性，我们所知道的生命就不会存在——宇宙将是一个非常不同的所在。

为什么我们要代表一种在其他情况下看似无害的元素，一个像其他元素一样由质子、中子和电子组成的集合，来提出这一主张？因为碳原子在化学相互作用方面有着非常特殊的禀赋，而且碳原子核有特殊的性质，它在我们所处宇宙的演化过程中对其他元素的形成有着巨大影响。

化学反应涉及原子之间的电子共享，导致原子以分子的形式黏附在一起。原子有其内在的规则，以控制有多少电子可以与相邻原子相互作用。碳的这一规则是自由的，因此碳原子可以与许多其他元素化合，包括其他碳原子。你也可以说碳非常善于交际，可以自由地与其他元素相互作用。

围绕原子核转圈的电子，运动受到量子力学定律的约束。

电子只能在某些轨道边界内运动，有时我们称这些轨道为壳层。原子的内壳层只能容纳 2 个电子，而次级壳层最多可以容纳 8 个电子。氦元素总共有 2 个电子，正好填满其内壳层，因此它没有未填满的壳层，或者说没有多余的电子可以与邻居共享，这意味着它非常不愿意与其他化学元素发生化学反应。那些壳层填满电子的其他元素也具有这种性质。锂是第三号元素，其内壳层被填满，但它的次级壳层上只有一个电子，因此锂可以与其他化学元素通过共享电子发生化学反应。

碳共有 6 个电子，其内壳层被填满，但次级壳层的 8 个空位只有一半被剩余的 4 个电子占据。碳既可以与其他原子共享这4 个电子，也可以接受相邻原子的电子（多达 4 个）共享。因此，碳具有极其丰富的化学性质，能够与除惰性气体外的几乎任何元素化合。正如拉瓦锡夫妇发现的那样，碳的化学反应性解释了为什么这种元素在燃烧中发挥作用，也解释了为什么碳在地球及银河系其他地方的生化分子中如此普遍。

碳出名的另一个原因是它的丰富性。碳是宇宙中非常常见的元素。氢和氦是迄今为止最丰富的元素，氢原子的数量大约是氦的 10 倍；氧和碳分别排在第三位和第四位，原子数量大约是氢的 1/1 000。在后面的一章中，我们将探讨为什么某些元素会比其他元素更丰富。

尽管碳在宇宙中的丰度很高，但它在我们这颗星球上是一种相对稀缺的元素。当太阳和行星在大约 45 亿年前形成时，一些元素（如碳和氮）无法有效地形成或吸积成固体物质。这些元素只能以气体的形式留在太空中，因此，地球像它的岩质邻居水星、金星和火星一样，只有微量的"未凝聚"元素。而在温度低得多的外太阳系，碳、氮和其他轻元素可以形成固体材料，于是这些元素便形成了外太阳系的天体。冥王星、所有带外行星及其冰冷的卫星、彗星，甚至小行星，它们的碳和氮的丰度都远高于地球和带内行星。

尽管碳在岩质带内行星中很罕见，但地球上的碳足以导致生命的形成和我们今天所拥有的广泛生物系统的发展。地球上的生命起源于碳基物质的储备。由碳制造的有机化合物的种类可以说几乎是无限的。简言之，这就解释了为什么碳是生命的元素，也解释了为什么现代技术大多基于含碳化合物实现。当拉瓦锡夫妇分离出碳并意识到它是一种基本物质，也是一种化学元素时，他们发现了比当时任何人都能意识到的更重要的东西。

我们已经描述了碳的一些性质，其化学性质的更多细节将在第 2 章中介绍。现在，我们来谈谈碳最初是如何产生的。宇宙的膨胀暗示了这样一种方式：如果宇宙一直在膨胀，那么一定有一个时刻所有的物质都是挤压在一起的。我们甚至可以通过回溯宇宙的膨胀，来找出这个时间点是什么时候。天文学家现在认为，膨胀或"大爆炸"始于 138 亿年前。[2]

碳是在宇宙大爆炸期间产生的吗？乔治·伽莫夫提出了这个问题并开始寻找答案。伽莫夫是一位个性张扬的俄裔物理学家，他于 1933 年离开苏联，执教于美国乔治敦大学，在那里度过了接下来的 23 年后，又转任科罗拉多大学教员。（科罗拉多大学非常珍视与伽莫夫的友谊，校园里坐落着一座以他的名字命名的著名建筑，即伽莫夫塔，远在数英里^①外就能看到。）伽莫夫是理解核聚变反应的先驱。所谓核聚变反应，就是简单的原子（更准确地说，是它们的核）合并形成更重、更复杂的原子的过程。伽莫夫推测，在大爆炸的早期阶段一定发生过聚变，因为当时的温度和密度都极高。他想知道今天所有元素的丰度是否可以用大爆炸期间发生的反应来解释。

伽莫夫的研究生拉尔夫·阿尔弗建立模型，研究了物质温度从超过 10 亿度开始迅速冷却期间元素形成的过程。阿尔弗在他的博士论文中展示了宇宙大爆炸的早期阶段，所有元素是如何以今天所见的正确比例形成的。这被公认为一个伟大的发现。阿尔弗的博士论文答辩有 300 多人参加。然而，由于伽莫夫在天体核反应领域的卓越地位，阿尔弗在这一重大发现中的核心作用并没有立即得到认可。[3]

但是，大爆炸核合成假说能解释碳的形成吗？阿尔弗认为能。在他的理论中，他把碳和所有其他元素都包括在内。该模型假设初始状态是一个密集的自由中子海洋，中子自发衰变成质子和电子。随后，中子和质子一起形成了氘和氚，二者分别是氢的

───────────────

① 1 英里 ≈ 1.6 千米。——编者注

稳定重同位素和短命的重同位素。据设想，最轻元素之外的大多数元素都将由被称为"中子俘获反应"的核反应形成。在中子俘获反应中，原子核吸收中子，然后喷出负电子，这一过程称为β衰变。β衰变后，新吸收的中子消失了，取而代之的是质子，其正电荷将原子核移动到元素周期表中的下一个元素位置。进一步的中子俘获和接下来的电子发射便形成了质量越来越大的原子核，直到所有的元素都被创造出来。通常具有6个质子和6个中子的碳是这个序列的一部分。通过计算，阿尔弗等人得到了今天观察到的元素之间的正确比例。现在，宇宙中的所有元素都被计算在内，其中2%的元素是较重的。

　　一切都很顺利：观察到的元素分布在阿尔弗–贝特–伽莫夫理论中得到了解释。故事结束了，对吧？错！仍存在一个巨大的问题。在氦形成之后，不可能再进行中子加成反应，因此不可能存在具有5个或8个核子（质子与中子都叫核子）的稳定核。这个反应链出现了断裂，阻止随后的反应生成重元素。（好在质子数为3的锂也形成了。）大爆炸后不到4分钟，整个序列的反应过程就结束了。在那之后，宇宙已经冷却到足以阻止进一步的反应。从数量上看，现在宇宙中的大多数原子都是在大爆炸中产生的，而早期宇宙则是元素的沙漠，不存在比锂重的元素。早期宇宙不适合我们，甚至不适合像地球这样的行星存在——它是无碳的！

　　阿尔弗–贝特–伽莫夫理论关于所有元素形成的分析是不可

行的。没有任何反应可以通过添加更多的中子来形成铍以后的元素。这是该理论的一个主要缺陷，认识的进程陷入停滞，这时弗雷德·霍伊尔加入了这场争论。对于理解宇宙大爆炸后恒星内部的碳是如何形成的，他做出了深远贡献。这里我们看到，碳的产生对于如何形成所有较重元素（几乎是元素周期表中的所有元素）可谓关键的一步。

霍伊尔出身于英国约克郡的一个农村家庭，从小就是一个爱思考、认真的孩子。很小的时候，他就开始阅读有关天文学和哲学的书籍。与此同时，他也有叛逆的一面。例如，他曾编造一个计划来逃学，因为他觉得学校太无聊了。在很小的时候，霍伊尔就是一个数学天才；成年后，他进入剑桥大学，获得了数学学位和物理学学位。霍伊尔一直对天文学感兴趣，他专注于恒星内部的核过程。在学习了相对论之后，他对研究宇宙起源的宇宙学产生了兴趣。

霍伊尔很清楚，质量数大于5或8的元素不可能在宇宙大爆炸时期形成。而碳的质量数（以其最常见的形式）是12：6个质子加6个中子。20世纪50年代中期，在美国加州理工学院休假期间，霍伊尔利用他的核物理知识开发了一个模型，其中碳由三个氦核合并而成。他并不知道这是怎么发生的，只是觉得必须这样做，因为碳是现实的存在，而我们就是由碳构成的。这种推理被称为人择原理。换句话说，在其他可能存在的宇宙中，有可能碳没有被创造出来，从而形成了一个死寂的宇宙。但在我们的这个宇宙中，我们在这里这一事实意味着碳一定以某种方式产生了。

不管怎样，宇宙必须越过原子序数 5 和 8 之间的这道鸿沟。霍伊尔意识到可以将三个较小的原子核合并在一起产生碳之后，他设想了一个三体反应序列：通过将两个氦核合并形成铍核（^{8}Be，即由 4 个质子和 4 个中子组成的质量为 8 的原子核）。其反应如下：

$$^4\mathrm{He} + {}^4\mathrm{He} \rightarrow {}^8\mathrm{Be}$$

这有两个问题。一是该反应需要能量输入，因为它是吸热反应，这意味着引发反应所需的能量要大于反应所释放的能量。二是 ^{8}Be 核一旦形成就会立即衰变，其寿命只有 6.7×10^{-17} 秒（见图 1-3）。

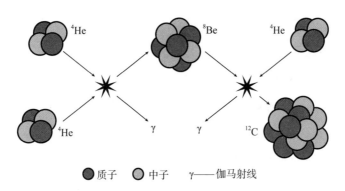

● 质子　● 中子　γ——伽马射线

图 1-3　三 α 反应——三个氦核聚变形成碳核的过程

第三个 ^{4}He 核必须在 ^{8}Be 核衰变前与其发生碰撞。假定粒子的速度足够大，而且粒子密度足够高，那么这种反应确实会发生，但需要三个粒子几乎同时撞击。这种关键反应被称为三α反应。高能 ^{4}He 原子核被称为 α 粒子。现在我们有：

$$^4\text{He} + {}^4\text{He} \rightarrow {}^8\text{Be} + \gamma$$

$$^8\text{Be} + {}^4\text{He} \rightarrow {}^{12}\text{C} + \gamma$$

图中的 γ 是伽马射线，形成的 ^{12}C 是碳的激发态。第二步反应，当一个铍核与第三个氦核结合时，产生的碳能量过大，通常会衰变回三个氦核。霍伊尔推断，碳一定有一种以前人们未知的激发态，其能级允许一些碳原子不衰变直至达到稳定状态。这种效应称为共振，而这种激发态现在被称为霍伊尔态。但是，即使考虑到霍伊尔态使反应得以进行，Be 和 He 反应生成碳并能够释放掉多余的能量，使碳存活下来的概率也只有不到 1/1 000。

^{12}C 在与一个 ^{8}Be 原子核碰撞时似乎能够处在适当的激发态能级上，使得两个粒子相遇时黏附在一起，因此 $^8\text{Be} + {}^4\text{He} \rightarrow {}^{12}\text{C} + \gamma$ 这个反应是可以发生的。瞧！我们有碳了！生活是美好的，制造更重元素的关键障碍已经消除。

基于人择原理，霍伊尔提出理论，认为这种激发态必然存在；否则，我们这些以碳为基础的生命形式就不会出现在这里。但当时的核物理学家很难相信他，因为实验中从未发现这种所需的激发态。霍伊尔在加州理工学院的同事威利·福勒接受了这一挑战，进行了旨在寻找碳核激发态的实验。结果，福勒真的发现了它，正如霍伊尔所预言的那样。人择原理拯救了这一切。

霍伊尔的预言发表于 1954 年，但当时几乎无人注意。后来，在 1957 年，霍伊尔和其他三人在《现代物理评论》上合作发表了一篇开创性的论文，其中引入了三 α 反应过程来描述恒星中元素形成的机制。4 位作者分别是玛格丽特·伯比奇、杰弗里·伯比奇、威利·福勒和弗雷德·霍伊尔（如图 1-4 中从左到右所示）。现在，这篇论文被引用时通常称他们为"B^2FH"。（2007 年，在该论文发表 50 周年之际，人们举办了一次大型科学会议来纪念它。恒星核合成领域的许多著名研究人员向 B^2FH 致敬，并报告了自己目前的研究结果。）1983 年福勒获得诺贝尔物理学奖也部分得益于这项工作。霍伊尔被排除在诺贝尔奖之外，尽管

图 1-4 玛格丽特·伯比奇、杰弗里·伯比奇、威利·福勒、弗雷德·霍伊尔（合称 B^2FH）

资料来源：承蒙玛格丽特·伯比奇集团许可。

他对此做出了最重要的贡献：发现了桥接 $N = 5$ 和 $N = 8$ 之间鸿沟的缺失环节。

但是，在恒星中产生的碳如何到达地球呢？它现在在哪里？产生碳所需的核反应只能发生在恒星中心的高密度气体中，不可能发生在靠近恒星表面的任何地方。然而，不知何故，碳会进入星际空间，然后到达地球。为了解释这种情况是如何发生的，我们必须描述恒星的演化。因为恒星有生命，它们在演化。它们有生有死，其中有些重获新生。如果恒星不演化，碳就将留在恒星内部，无法在我们的生活中发挥其许多作用。

恒星是由坍缩的星际气体和尘埃云形成的。[4] 我们的恒星太阳，总寿命约为 100 亿年，而它的寿命已经过半，这是一颗中年恒星。恒星有多种大小和质量，是否具备产碳反应的条件以及恒星的寿命均取决于此。大质量恒星的寿命很短，而不是很长，这似乎违反直觉。这是因为恒星核心处产生新元素的核反应取决于温度，而恒星的质量决定了恒星的中心温度、反应速率和演化。

天文学家经常用太阳质量作为尺度，来描述其他恒星的质量。太阳质量为 1 的恒星与我们的太阳质量相同。对于超过 25 倍太阳质量的恒星，其产生核能的速度是如此之快，以至于它们只能存在几百万年。而与之形成鲜明对比的是，质量最小的恒星的预期寿命为 10 万亿年，比目前的宇宙年龄长得多。小质量恒星没有机会将其中的碳扩散到周围，这些碳只能密封在其内部。

事实上，质量小于太阳的恒星一开始就不会产生碳，因为它们的内部永远无法变得足够热。一旦氢用完，它们就会消失。

大质量恒星会因剧烈爆炸而消亡，爆炸后的残骸叫作超新星。在这个过程中，包括碳在内的元素将在银河系周围扩散。中等质量恒星不会爆炸形成像超新星那样的残骸，但它们会形成烟环状的星云并向外喷射物质。这些膨胀的云被称为行星状星云，因为用小型望远镜观察时，它们看上去很像行星。威廉·赫歇尔在 18 世纪 80 年代创造的这个词，一直沿用至今。

超过 8 倍太阳质量的恒星爆炸，其星核将坍缩成超新星。其中有些形成超致密的中子星星核，而另一些则变成黑洞。在宇宙历史的早期，还可能形成超过 100 倍太阳质量的恒星，并以"极超新星"的形式爆炸——"超"已经不足以描述它了，在这个过程中产生和排放碳。现在我们知道，重元素除了在演化中的恒星星核内部产生，还有很大一部分最重的元素是在超高密度中子星的爆炸性合并过程中形成的。2017 年，通过探测引力波脉冲的产生，人们首次观察到这种合并。

0.5~8 倍太阳质量的中等恒星，在形成氦并经历星核内部发生的连续核反应阶段后，会膨胀并经历复杂的内部变化。在星核完成由氢转化为氦的过程后，星核外的壳层便开始了氢的燃烧过程。这些反应产生的热量被封存，导致恒星的外层大气急剧膨胀。这就是术语"巨星"甚至"超巨星"所描述的状态，一颗曾经很普通的恒星，其直径会膨胀到之前的几十倍甚至数百倍。

当我们的太阳变成红巨星时，它将吞噬水星、金星，可能还有地球。

随着恒星的膨胀，恒星的核心区继续加热，直到其中的碳发生进一步反应。与此同时，核心外的气态外壳变得足够热，开始了由氢变成氦的聚变燃烧，由此开始形成一个球状的氦外壳。这一序列继续下去，使得恒星在不同的半径处发生不同的反应，从而形成由内到外的几个壳层。当氦在核心区转化为碳时，外壳层正在将氢转化为氦；很快，下一壳层就会变得足够热，从而制造出更重的元素。在氦、碳、氖和氧产生后，接下来就会生成硅等更重的元素。最终，对大质量恒星来说，当反应进一步向外扩张时，其内部就像洋葱（图 1-5）。

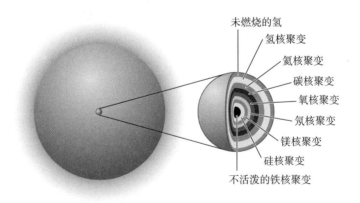

未燃烧的氢
氢核聚变
氦核聚变
碳核聚变
氧核聚变
氖核聚变
镁核聚变
硅核聚变
不活泼的铁核聚变

图 1-5 一颗巨星核心区的"洋葱"模型，其中从氢到硅的元素正在进行聚变反应，以形成更重的元素

一颗恒星经历多少核反应阶段取决于它的质量。太阳可能

会在其核心区产出碳后停止核反应。更大质量的恒星将经历进一步的核反应阶段，产出氧元素，然后是氖、镁，最后是铁。这种特殊的反应顺序来自α粒子的添加，大质量恒星中还存在其他几种制造较重元素的途径。

在红巨星阶段，恒星的内部可能会变得混沌，这要归因于热对流。热量从核心区向外的流动在途中变慢，导致恒星内部物质翻滚涌动，使得连续核反应阶段所形成的层级结构被打乱。碳通过这种方式到达恒星表面。巨星或超巨星表面的引力非常低，它的外层大气与恒星结合得并不紧密，因此可以在和缓的恒星风中膨胀。碳就在这股风中挣脱恒星的束缚，成为星际介质。巨星被认为是银河系中碳的主要来源。

对于约8~50倍太阳质量的恒星，超新星爆发将猛烈地终结该恒星的生命。原因是：最终，核反应阶段的链条以星核区铁的形成结束。质量较小的恒星在停止制造新元素之前从未走得那么远。铁生成后这一进程便受到阻遏，因为这时不再有放热的核反应。铁开始从周围吸收能量，而不是增加能量。如果没有持续的能量来源，核心区就会向内坍缩。外层紧随其后，只是速度较慢，于是整个星体的物质都以剧烈的碰撞方式撞向核心，造成一次巨大的爆炸，这便是超新星爆发。它摧毁了这颗恒星，不断膨胀的外层向星际介质中注入了各种元素，其中就包括碳。红超巨星和巨星创造了银河系中的大部分碳，而超新星只占其中的一小部分。猎户座肩部的明亮恒星参宿四（图1-6）预计将在未来10

万年内爆发成超新星，或者它已经爆炸了，只是其发出的光还在路上。它距离我们有 600 多光年。

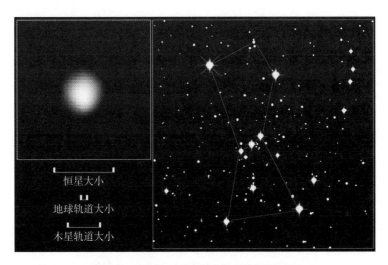

图 1-6　参宿四，猎户座中壮观的红超巨星

资料来源：Andrea Dupree（Harvard-Smithsonian CfA）、Ronald Gilliland（STScI）、NASA 和 ESA。

0.8~8 倍太阳质量的恒星，在其核燃烧阶段结束后将成为白矮星。这些恒星的大小与地球差不多，但它们的质量相当于一颗恒星。当然，这意味着令人难以置信的高物质密度，大约每立方米 100 万吨。我们的太阳就将以碳白矮星的形式结束，因为在制造出更重的元素之前，其星核的核反应将以碳结束。

2004 年，人们发现了一颗白矮星，其核心似乎主要由清澈的钻石组成。这是根据它的密度和脉动推断出来的，是这些脉动告诉天文学家它的密度有多大。类钻石的结构被认为是这种条件下碳的唯一存在形式。这颗恒星的正式名称是BPM 37093，但它通常被称为"露西"，取自披头士乐队的歌曲《露西在缀满钻石的天空》。这颗令人惊叹的恒星质量与太阳一样大，其体积却比地球还小，每秒钟旋转30圈。

我们已经考虑了恒星内部会发生什么。那么，了解恒星的元素组成有什么用呢？为了理解宇宙是如何起源的，元素是如何形成的，以及碳元素如何融入宇宙的大格局，我们需要先了解恒星的组成。

令人惊讶的是，我们正确理解太阳和其他恒星的组成至今还不到100年。过去，人们通常认为太阳像地球一样由重元素组成。据说天王星的发现者威廉·赫歇尔曾表示，太阳是"一个凉爽的、黑暗的固体球，覆盖着茂盛的植被，'居住着众多居民'，他们受到厚厚的云层保护，遮蔽了上层发光区无法忍受的眩光"。

直到1925年之后，我们才有充分理由证明，地球的成分与太阳的截然不同，而普通恒星的成分则与太阳非常相似。1802年和1814年，威廉·渥拉斯顿和约瑟夫·冯·夫琅禾费分别独立地发现，太阳光通过棱镜分散成不同的光谱颜色，并具有暗线（现在称为夫琅禾费谱线）。近半个世纪后，人们发现这些暗线是太阳外层特定元素吸收了特定波长的光引起的。最强的夫琅禾费谱线是由氢、铁、钠和钙的吸收谱线组成的。20世纪初，人们普遍认为，太阳具有夫琅禾费谱线这一点与"太阳和地球具有相似的元素组成"的观点是一致的。不同颜色的恒星有着截然不同的光谱，不同谱线可以分别用字母O、B、A、F、G、K和M标注。人们认为这些恒星的光谱因其成分的不同而不同。

　　理解太阳和其他恒星组成的革命性转变应归功于塞西莉亚·佩恩（后来的塞西莉亚·帕恩–加波什金）的工作，如图1-7所示。她解决了这个问题，尽管她不得不克服许多障碍，比如作为当时的女性科学家，她经受住了其他人，包括当时著名的天文学家亨利·诺里斯·拉塞尔的怀疑。现在，她的博士论文被视为天文学上最大的突破之一。佩恩在英国出生、长大和接受教育，直到她试图进入剑桥大学攻读博士学位时，这种偏见才显

图1-7　1929年的最后一天，哈佛大学天文台的工作人员和学生们表演戏剧《皮纳弗天文台》的明星阵容，从左至右依次为：彼得·米尔曼、塞西莉亚·佩恩、亨丽埃塔·斯沃普、米尔德丽德·沙普利、海伦·索耶、西尔维娅·穆塞尔斯、阿德莱德·艾姆斯和莱昂·坎贝尔

资料来源：AIP Emilio Segrè视觉档案馆，沙普利收藏。

现出来。作为女性，她尽管在之前教育阶段的学校表现出色，但还是没能进入剑桥大学深造。哈佛大学天文台主任、美国天文学家哈洛·沙普利为她新设了一个女性博士项目的职位。在那个年代，当时很多不被看好的女性在哈佛大学天文台做出了具有历史意义的发现。

佩恩 1925 年的论文探索了恒星的基本物理性质，以解释它们的光谱和温度。在印度物理学家梅格纳德·萨哈的工作基础上，她发现恒星外层的温度和密度决定了哪些元素主导恒星光谱。对于太阳和大多数恒星，她发现锂和钡之间的 15 种元素的相对丰度与地球相似。她还发现，恒星之间的光谱差异很大程度上是由它们的温度，而不是由它们的成分决定的。利用萨哈的理论，她通过恒星元素的电离状态来确定恒星的温度。她的论文中的大部分研究成果都受到了尊重；然而，她的工作也有一个惊人的发现：氢和氦是太阳的主要组成元素。这与"当时已知"的恒星截然不同。当拉塞尔审阅佩恩的论文时，他认为其中暗示的氢的丰度是无稽之谈："氢的丰度是金属的 100 万倍……这显然不可能。"当佩恩在《美国国家科学院院刊》上发表她的研究结果时，她选择指出，她给出的"高得令人难以置信的氢和氦的丰度……几乎肯定不是真实的"。但这是真实的，这一发现从根本上改变了我们对太阳和恒星的理解。实际上，氢和氦占太阳总质量的 98%，在这方面，太阳与我们生存的岩质行星有着巨大的差异，后者主要由镁、硅、铁和氧原子组成。太阳的碳含量仅为全部质量的 0.04%，但它所含的碳原子数是硅、镁和铁原子数的 10 倍。尽管碳对我们很重要，但它只是地球上的一种微量元素，是太阳中的一种次要元素。佩恩的研究结果表明，宇宙的质量主要由氢贡献，这是我们现在所知的最轻的元素，在大爆炸的最初几分钟与氦一起形成。她的论文中极具争议的部分为理解诸如恒星是如何产生能量的、宇宙是如何开始的，以及我们周围的大多数元素如何在以氢为初始原料的一系列过程中产生等问题打开了大门。最初，佩恩的革命性结论遭到抵制，但最终被完全接受。天文学家奥托·斯特鲁维将她的工作描述为"天文学史上最辉煌的博士论文"。[5]

我们已经看到，对虚构的燃素等神秘想法的详细调查如何带来了对碳及其作为基本元素的初步理解。我们还研究了第六号元素碳是如何形成的，它的丰度与其他元素相比如何，以及它的化学性质的某些方面。下一章中，我们将考虑为什么碳是如此独特的元素，因为它天然具有形成性质广泛的化合物的灵活性。

第 2 章

碳的化学：
为什么它如此特殊？

对神秘材料和过程的科学调查使拉瓦锡夫妇发现并命名了碳，许多人认为这是现代化学的诞生。可以恰当地说，第六号元素以其形成化合物的超凡能力，在我们理解自然方面发挥了开创性的作用。它非凡的化学性质使第六号元素真正区别于所有其他元素。

一觉醒来，你可能闻到下述物质的芳香：

如果你不认识它，那我告诉你，这个就是咖啡因分子（1,3,7-三甲基黄嘌呤）的示意图。这种分子实际上没有气味，但它存在于数十亿人每天早上喝（和闻到）的咖啡中。8个碳原子与氢、氧和氮原子结合，形成一个精神抖擞、令人上瘾的分子。这只是说明碳在化学（通过化学键结合在一起的原子的科学）和我们生活中的重要性的一个例子。

过去的几年，在互联网的多样化和人们对儿童安全的担忧加剧之前，许多孩子都有化学套装，可以将不同种类的液体和粉末混合来获得新的颜色、气泡、烟雾、火焰、将液体硬化成固体的能力，甚至适度的爆炸。如果孩子听从指导，伤害的风险就很小，许多人对化学和科学的奇迹感到惊讶。通常为高中生提供的更复杂的化学套装，不但提供了化学这门科学的宝贵入门知识，也引发了人们对碳及其许多化合物的迷恋。[1]

当你想到化学家时，你可能会想到实验室里的一位疯狂科学家，穿着白色外套，戴着畸形的金属边框眼镜。这给人的印象是，化学是神秘的、邪恶的，对所有人来说都是一种危险。在一些人的脑海中，"有毒的"和"化学品"这两个词经常联系在一起，互联网上有许多关于如何在我们的生活中避免使用化学品的建议。只要在网上搜索"不含化学品"的字眼，你就会惊讶地发现，那些被宣传为"不含化学品"的产品可谓数量繁多。（滥用或重新定义化学术语的情况并不罕见。例如，目前几乎没有人使用过真正由锡制成的箔，也没有真正由铅制成的铅笔。）

如今，一些人漫不经心地认为化学品和化学主要存在于实验室，或者是污染的同义词。不是这样的！化学是关于原子或分子彼此结合或分解、得到或给予的科学。破坏一个分子通常需要输入能量，而形成一个分子通常会释放出能量。化学物质一直在我们周围（更不用说在我们体内）。我们呼吸的空气、饮用的水（或其他液体）、你的汽车及其燃料、我们周围的树木和植物，都是由化学物质构成的。有些是天然的，有些是人造的。

在 17 世纪以前，炼金术和化学几乎没有区别。可以恰当地与这种情形类比的是占星术与天文学：一个是基于寓言或信仰，另一个是客观的、可检验的科学。炼金术向化学逐渐演变，始于伊斯兰教的炼金术士。化学科学发展了一个强有力的框架，来帮助我们理解物质为什么会相互反应。这些反应既是可检验的，也是可预言的。艾萨克·牛顿就是一位著名的炼金术士。他在发现微积分、力学、光、引力和望远镜的原理的同时，还涉足炼金术，但没有取得多大的成就。

许多科学家尝试过根据元素的性质对其进行分组。1869 年，俄国科学家德米特里·门捷列夫发明了一种按原子量来排列元素的图表。这种图表还对元素的化学亲和势进行分组，并实际预言了几种当时未知的元素存在。大多数化学教室的墙上都挂着现代版的元素周期表（图 2-1）。

元素首字母缩写符号上方的数字是质子和中子的总数，下方的数字是质子数，也称为原子数。[①] 一种元素原子核中的中子数可以不同，这些不同形式被称为该元素的同位素。一种元素的

_____

① 注意，这个表的信息显示与中文常见的元素周期表形式不完全相同。——译者注

图 2-1 元素周期表

1	2											3	4	5	6	7	0
																	4 He helium 2
7 Li lithium 3	9 Be beryllium 4											11 B boron 5	12 C carbon 6	14 N nitrogen 7	16 O oxygen 8	19 F fluorine 9	20 Ne neon 10
23 Na sodium 11	24 Mg magnesium 12											27 Al aluminium 13	28 Si silicon 14	31 P phosphorus 15	32 S sulfur 16	35.5 Cl chlorine 17	40 Ar argon 18
39 K potassium 19	40 Ca calcium 20	45 Sc scandium 21	48 Ti titanium 22	51 V vanadium 23	52 Cr chromium 24	55 Mn manganese 25	56 Fe iron 26	59 Co cobalt 27	59 Ni nickel 28	63.5 Cu copper 29	65 Zn zinc 30	70 Ga gallium 31	73 Ge germanium 32	75 As arsenic 33	79 Se selenium 34	80 Br bromine 35	84 Kr krypton 36
85 Rb rubidium 37	88 Sr strontium 38	89 Y yttrium 39	91 Zr zirconium 40	93 Nb niobium 41	96 Mo molybdenum 42	[98] Tc technetium 43	101 Ru ruthenium 44	103 Rh rhodium 45	106 Pd palladium 46	108 Ag silver 47	112 Cd cadmium 48	115 In indium 49	119 Sn tin 50	122 Sb antimony 51	128 Te tellurium 52	127 I iodine 53	131 Xe xenon 54
133 Cs caesium 55	137 Ba barium 56	139 La* lanthanum 57	178 Hf hafnium 72	181 Ta tantalum 73	184 W tungsten 74	186 Re rhenium 75	190 Os osmium 76	192 Ir iridium 77	195 Pt platinum 78	197 Au gold 79	201 Hg mercury 80	204 Tl thallium 81	207 Pb lead 82	209 Bi bismuth 83	[209] Po polonium 84	[210] At astatine 85	[222] Rn radon 86
[223] Fr francium 87	[226] Ra radium 88	[227] Ac* actinium 89	[261] Rf rutherfordium 104	[262] Db dubnium 105	[266] Sg seaborgium 106	[264] Bh bohrium 107	[277] Hs hassium 108	[268] Mt meitnerium 109	[271] Ds darmstadtium 110	[272] Rg roentgenium 111							

示例

相对原子质量
原子符号
元素名称
原子（原子）数

1
H
hydrogen
1

原子数在 112~116 的元素有报道（但未经权威确认）。

* 镧系元素（原子数 58~71）和锕系元素（原子数 90~103）被省略。

铜（Cu）和氯（Cl）的相对原子质量没有四舍五入到最接近的整数。

图 2-1 每间化学教室都可见的元素周期表

资料来源：©2023 年国际纯粹与应用化学联合会。

所有同位素原子核中都有相同数量的质子，并且通常具有非常相似的化学性质。碳有两种稳定的同位素碳-12（^{12}C）和碳-13（^{13}C），以及具有放射性的碳-14（^{14}C）。碳-13和碳-14非常罕见，因此地球上碳的平均质量为12.011。纯的碳-12原子质量被定义为12，这是衡量其他元素质量的标准。

我们提到了碳的重要性：这种元素主宰着所有生物体的化学反应，无论是动物还是植物；我们生活中一些最有用的材料都是由碳基材料制成的。没有碳就没有地球，更没有人。为什么会这样呢？为了理解碳和所有其他元素的化学行为，我们必须深入了解原子尺度上的物理学。沃尔夫冈·泡利是一位来自奥地利的诺贝尔物理学奖获得者，与马克斯·普朗克和尼尔斯·玻尔同为一个理论物理学家小组的重要成员。泡利到了美国，在那里度过了他职业生涯的剩余时间，并发展了量子力学定律。这是一套非常奇特的规则，它成功地描述了原子尺度甚至更小尺度上物质的性质和行为。这一研究领域将科学探究推向了一个新时代，并为观测我们的宇宙打开了一扇窗户——从原子键和分子键到白矮星和中子星的结构。

量子理论的一个重要基础是，没有两个电子可以占据完全相同的量子态。为什么？泡利将此归因于"不相容原理"。这一原理是泡利于1925年提出的，是现代物理学的基本原理之一。泡利和其他物理学家在试图解释原子存在的原因时，提出了这样一个问题：当原子发光时，电子不是应该因为损失能量而落入原子核吗？当然，在宏观尺度上这是会发生的：如果月球出于某种原因失去能量，那么绕行星运行的月球会离行星更近。牛顿定律可以解释这一切，但它们并不能解释原子和分子的行为。在量子尺度上，情况有所不同。电子相对于原子核的位置不是逐渐变化的，它们在离散的能级之间发生跃迁，并在这个过程中发射或吸收光子。当一个电子从高能级下落到较低的能级时，就会发射出一个光子；当一个光子被吸收时，电子就会从一个能级跃迁到更高的能级。

诺贝尔奖获得者理查德·费曼是他那个时代最聪明的人之一。他说："如果你认为你理解量子力学，那说明你不懂量子力学。"他还说："我想我可以放心地说，没有人理解量子力学。"但是，尽管量子力学在某些方面似乎与我们以前确立的原理和对自然世界的日常体验非常不一样，但事实证明，它是一种定量且具有预言性的方法，可以让我们理解极小尺度领域里发生在化学和原子物理层面的许多事情。

由于泡利不相容原理，我们现在知道，在原子的最内壳层轨道上只能有两个电子；[2] 在下一个壳层上可以有 8 个电子；再往外一个壳层上有 18 个电子，以此类推。氢是最简单的元素，原子核中只有一个质子，它的单个电子通常处于最低能级。碳有 6 个电子，其中两个电子处于最低能态，另外 4 个电子处于外一层的较高能态，可以参与形成化学键。这些奇怪的自然规律赋予碳最独特的化学性质，使其能够进行导致生命形成和长期演化的复杂过程。至少在我们这颗星球上，没有其他元素发挥过这样的作用。

如第 1 章所述，具有满壳层的原子很难与其他原子相互作用。这就是氦、氖和氩等"惰性气体"元素通常不与其他原子结合的原因。氦有两个电子，完全填满了第一壳层。因此，氦原子只是独自飞行，完全满足于现状，或是通过物理方法将其束缚在固体物质中。这种对化学键合的抵抗力同样适用于其他具有满壳层的惰性原子，如氩原子、氖原子和氦原子。这些具有封闭壳层的元素永远不可能为生命所需的过程提供途径。

在形成化学键方面，碳与惰性气体的能力正好相反。碳的第一个能级由它的两个电子填满，但第二个能级只填充了 4 个电子，还有 4 个空位。也就是说，在第二能级的 8 种可能的电子组态空间中，只有 4 种电子组态被占据，还空着 4 种电子组态未被填满。因此，碳最多可以增加 4 个电子或拿出 4 个电子与其他原子共享，这为碳原子与另一个原子或分子的结合提供了多种方式。

在常见元素中，只有硅的化学性质与碳相似，因为它的最外层能级只有 4 个电子（最多可以有 18 个）。硅原子有 4 个价电子。因此，硅与碳一样，能够与多达 4 个其他原子形成化学键。硅并不是宇宙中罕见的元素（它是银河系中丰度第七位的元素），但其丰度仅为碳的 1/4。在地球上，硅的丰度（质量分数为26%）要远高于碳（仅为万分之几），因为碳在形成地球的岩石材料中很罕见。

碳在我们的星球上如此罕见，这很有意思。第六号元素在太阳系形成早期含量丰富，在适当的条件下，它可以形成数百万种化合物。尽管它能创造很多奇迹，但在火星、地球、金星和月球形成的太空区域，碳在很大程度上被困在一氧化碳等气体星云分子中，无法有效地形成那些构成我们所在星球的固体建筑材料。

按照我们偏爱碳的观点，大多数人认为碳对基于化学过程的生命至关重要，甚至与我们在地球上的情形有点儿相似。碳原子的非凡性质与原子黏附在一起形成分子的方式有关，它们必须形成化学键。原子用以形成分子的键通常有两种主要类型。[3] 其中不太常见的键被称为离子键。（碳元素几乎从不通过离子键来形成化合物。）离子键是指两个原子相遇时，其中一个原子想夺取一个电子（换句话说，其最外壳层有一个空位），因此电子会跳过原子之间的空间。这使得夺得电子的原子带负电荷，而失去电子的供体原子带正电荷。相反的电荷相互吸引，导致两个原子之间形成强大的静电性质的键。

离子键结合的一个经典例子是食盐。食盐分子结构是由钠和氯这两种元素组成的立方体阵列（图 2-2）。在这种情形下，氯原子是电子受体，钠原子是电子供体。现在，每个原子都有一个充满的外壳层，只要它们彼此结合，双方都满意。

用化学符号表示，这个反应可以写成如下方程式：

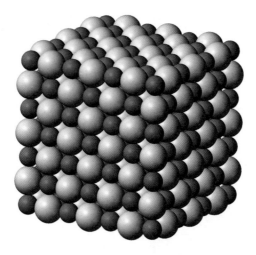

图 2-2 食盐原子的结构：大的球体是带负电的
氯离子，小的深色球体是带正电的钠离子

资料来源：Benjah-bmm27 via Wikimedia Commons。

$$Na^+ + Cl^- \rightarrow NaCl（食盐）$$

元素符号 Na 和 Cl 分别代表钠和氯。加号和减号分别表示所带电荷的正负。

原子之间另一种常见的键是共价键，即碳采用的键。这时，原子通过共享电子形成分子。术语"共价"是指电子轨道的共享。我们可以把这种共享看作最外层电子（或叫"价电子"）轨道的重叠。形成共价键的电子对同时属于相邻的两个原子，因为它们围绕着这两个彼此靠近的原子核做轨道运动。做这种轨道运动的电子对可能不止一对，随着轨道运动的电子对数量的增加，形成的共价键变得更强（如图 2-3 所示）。

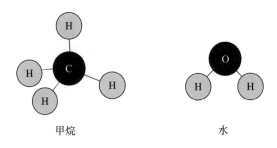

甲烷　　　　　　　　　　水

图2-3　甲烷分子和水分子

在某些情况下，由两对电子将两个原子结合在一起，这被称为一个双键。由于这个双键包含 4 个电子，它显然比单键更强。含有双键的一个例子是乙烯分子，其中两个碳原子通过二者之间的共价双键连接（如图 2-4 所示）。

图2-4　具有双键的乙烯（C_2H_4）分子

在一些分子中，甚至还存在三键。具有三键的分子可以毒性很强的氢氰酸（HCN）为例，其中的碳与氮之间是三键，碳与氢之间是单键。用化学符号表示，如图 2-5 所示：三条线表示三键，而单条线表示单键：

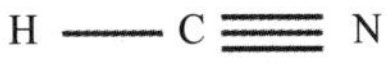

H —— C ☰ N

图2-5　具有三键的氰化氢（HCN）分子

第 2 章　碳的化学：为什么它如此特殊？　　047

通常，碳与其他原子形成共价键。在极少数情况下，如碳化钙中，碳确实会形成离子键。共价键的变化在很大程度上决定了分子的物理性质。单键、双键和三键有无数种可能性。例如，最简单的氨基酸——甘氨酸（NH_2CH_2COOH）有 1 个双键和 6 个单键。甘氨酸分子的结构如图 2-6 所示：

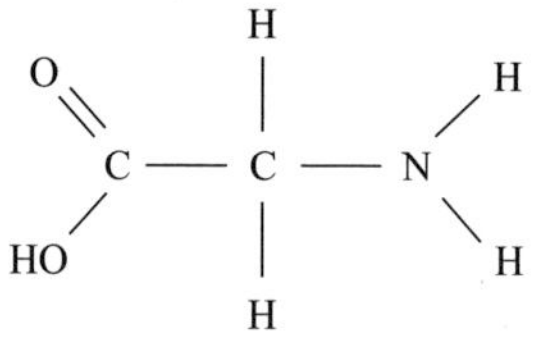

图 2-6　甘氨酸（NH_2CH_2COOH）分子

许多人被告知，碳单质只有三种形式：煤、石墨和钻石。现在，我们知道这只是事情真相的一部分。碳的化学性质赋予它许多种原子排列方式（可称之为同素异形体）；碳原子以不同的构型相互连接。并非所有形式的碳单质都是常见的，甚至是天然存在的——正如我们所看到的，碳单质有多种形式，从单个碳原子到钻石。

从简单原子到复杂构型的过渡是碳链。顾名思义，所谓碳链就是成排的碳原子连接成一条链。一条碳链可以由两个原子组成，也可以由许多个原子组成。和单个碳原子一样，碳链在地球上也很罕见，但它可以存在于太空中。在星际空间，最简单的碳单质分子 C_2 可以延长形成 C_3，我们甚至可以观察到更长的链。最长的碳链是由 11 个碳原子组成的，它的一端连接着氢，另一端连接着氮。更长的碳链也是有可能存在的，但还没有被观察到。

比碳链更复杂的是石墨烯。石墨烯是由碳原子组成的六边形的环，这些环的相邻边连接在一起。石墨烯本质上是二维的。它是一个厚度约为单个碳原子直径（约 0.34 纳米）的薄片，原则上可以横向延伸到几乎无限远。想想铁丝网，你就会得到下面这张图（图 2-7）。

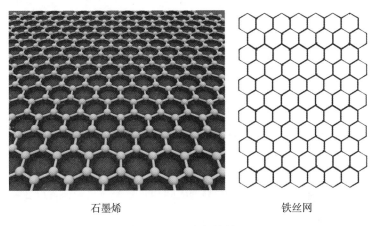

石墨烯   铁丝网

图 2-7　石墨烯与铁丝网

最先找到方法来制造石墨烯的是安德烈·海姆和科斯佳·诺沃肖洛夫，他们因此在 2010 年获得了诺贝尔物理学奖。海姆是一个特别有趣的人，他在 1997 年因运用强磁场使青蛙悬浮在空中而获得了"搞笑诺贝尔奖"！[4] 更重要的是，海姆和诺沃肖洛夫用胶带从石墨上撕下了薄片。这是因为将石墨片固定在一起的力非常弱，类似于云母——云母是一种很容易分解成薄片的矿物。

石墨烯具有许多非常有用的潜在特性。它具有有史以来最高的强度-重量比，是这方面已知的最强物质。1克石墨烯可以覆盖一个足球场，能支撑起1磅①物质的重量，由于极薄而肉眼不可见。

但这还不是它的全部能力。电子可以在石墨烯薄片中自由移动，这意味着它具有很高的导电性。石墨烯还容易沿着碳原子排列的平面传导热量。石墨烯的性质高度依赖于方向性，被认为具有显著的各向异性——它的性质随着测量方向的变化而变化。石墨烯在未来的电子元件和其他设备中有许多可能的用途。

石墨是由石墨烯堆叠而成的。它是在高温、高压的地质条件下形成的。开采时，它闪闪发光，有金属光泽，最初被称为plumbago（词源为 *plumbum*，拉丁语中"铅"的意思），因为它与方铅矿相似。自罗马时代以来，方铅矿就是一种为了获取铅而开采的硫化物矿物。石墨在每个大陆上都有，它是碳的一种非常稳固的存在形式。只要有足够的时间和热量，即使是钻石也会降解成石墨。石墨烯平面中碳原子的结合力非常强，但两个平面之间的结合力则非常弱。因此，当石墨烯平面相互滑动时，石墨显得很光滑。

这种碳片可以卷曲形成三维结构。英国化学家哈罗德·克罗托在了解星际空间光谱特征的起源问题时，偶然发现了球形碳分子C_{60}。随后，克罗托、罗伯特·柯尔和理查德·斯莫利用激光蒸

---

① 1磅≈0.45千克。——编者注

发石墨，然后检查形成的碳原子团的质谱。他们在 60 个碳原子的质量位置上看到了一个明显的峰，这些碳原子构成了一个不大不小的碳原子簇，与其他质量的碳原子簇截然不同。起初他们觉得很神秘，但很快就意识到该分子是由多个六边形和五边形组成的封闭结构，它有 60 个碳原子，具有单键和双键。这与足球的几何形状相同，这种令人惊叹的分子被命名为巴克敏斯特富勒烯，以纪念巴克敏斯特·富勒，[5] 简称巴基球（图 2–8）。

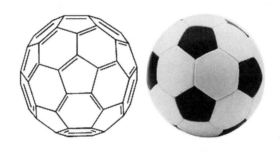

图 2–8　巴基球（C_{60}）与足球的比较

资料来源：（左）Pumbaa80 via Wikimedia Commons (CC BY-SA 2.5).
（右）Wikimedia Commons (CC BY-SA 4.0)。

1996 年，克罗托、柯尔和斯莫利因发现富勒烯（包括球形的 C_{60} 和椭圆形的 C_{70}）而荣获诺贝尔化学奖。（克罗托是英国人，2000 年被伊丽莎白女王封为勋爵。）巴基球是一个令人兴奋的新发现，但在实验中产出极少。在沃尔夫冈·克雷奇默和唐纳德·赫夫曼发明出一种简便且廉价地大量制造巴基球的方法之前，它们在某种程度上只是实验室中的珍品。克雷奇默和赫夫曼使用电弧将石墨蒸发成低压惰性气体，并将产生的颗粒沉积在石英玻片上。他们试图复制在星际介质中观察到的具有特定波长的紫外线光谱特征形状。人们怀疑，用太空望远镜观察时，这种特征之所以在天空中随处可见，可能正是由于巴基球的存在。在适当的条件下，他们可以在玻片上用小颗粒组成的薄膜产生这种天文特征。他们指出，冷凝后的物质可以溶解在苯中，产生美丽的紫色液体。这是一种制造和纯化巴基球的简单方法，可将其与其他实验产物分离。经干燥后，溶液中产生了由微小球体组成的壮观晶体，每个球体含有 60 个碳原子。因此，对银河系中含碳尘埃的光学性质的研究导致了对一种新形式的碳及其高效生产方法的基本发现，以供工业使用。

在薄片和球之间，还存在纯碳的中间状态。目前，最有前景的是具有单壁或多壁的碳纳米管。它们可以很容易地被制造出来，但我们尚不清楚它们在自然界中发挥着什么重要作用，甚至不清楚理想的单壁纳米管是否能够在自然界产生。碳纳米管在医学和电子领域具有巨大的革命性应用潜力。已知最黑的材料就是由碳纳米管制成的，因为它们具有令人难以置信的吸收光的能力。光照得进来，却出不去。

还存在不具长程有序性的无定形碳或玻璃碳。所谓不具长程有序性，是指在整个晶体结构中没有重复的规则模式。即使是无定形碳也不是完全无定形的，因为它通常在少量原子团的尺度上表现出一些有序性。而玻璃碳则是"晶体"这一科学术语的另一个常见误用例子。"水晶"玻璃器皿其实不是由水晶制成的，而是由非晶态材料制成的。

我们遇到的大部分碳都是以分子形态存在的。在这些分子中，碳与其他原子结合。含碳分子可以非常简单，比如只有两个原子的一氧化碳；也可以是人工合成的质量最稳定的分子，比如由 2 000 万个原子组成的 PG_5 分子。

有一类重要的含碳分子是多环芳烃（PAH），就像萘。（"芳"指的是它的气味；从樟脑球的主要成分萘开始，许多种多环芳烃都会散发气味。）如前所述，碳原子喜欢黏附在一起，因为它的外层电子轨道上有 4 个电子和 4 个空位，而当它们结合在一起时，会填满这个 8 电子的外壳层。在多环芳烃中，通常存在交替的单键和双键，氢原子围绕着碳结构延伸，就像萘（如图 2-9 所示）。

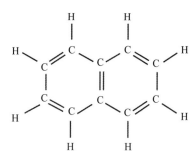

图 2-9　萘（$C_{10}H_8$）的分子式

多环芳烃无处不在，无论是天然的还是合成的，它们都存在于太空中和我们的日常生活中。多环芳烃的重要来源包括大气、烧木头的炉子、火山气体、森林大火、汽油、油漆、加热器、烟灰、熔炉、煤炭、香烟烟雾、沥青、空气中或湖泊和海洋中的污染物等。大多数多环芳烃都是致癌性的，吸入会带来危险。高温炙烤食物会产生多环芳烃，所有人类呼吸的空气中都会携带含有多环芳烃的灰尘颗粒。

另一类重要的碳分子是用以制造和延续生命所需的大量生物分子。生物分子的 4 种主要类型分别是碳水化合物、脂质、核酸（包括DNA）和蛋白质。我们将在第 4 章中进一步详细介绍DNA，但现在我们想强调的是，这个重要分子由两条链组成，通过氢原子建立了弱的相互连接；两条链相互缠绕，形成双螺旋结构。詹姆斯·沃森和弗朗西斯·克里克于 1950 年发现了这种结构（其中还有罗莎琳德·富兰克林的重要贡献）。DNA的发现是有史以来最重要的科学发现之一。（为了向罗莎琳德·富兰克林致敬，一辆设计出来在火星上漫步的欧洲巡视车被命名为罗莎琳德·富兰克林。）氨基酸分子是蛋白质的组成部分，如图 2-10 所示。巨大的蛋白质分子在生物体中承担许多重要功能，包括形成细胞和生物体的结构、将分子从一个位置运输到另一个位置、催化代谢反应、复制DNA、对刺激做出反应，以及促成光合作用等（光合作用是驱动陆地生物机制的最终能量来源）。尽管有数百种不同的氨基酸，但其中只有 20 种被生命用来组装蛋白质，即氨基酸分子残基形成的长链。人体中最大的蛋白质是肌巨蛋白，它就像肌肉中的弹簧。它可以包含超过三万个氨基酸分子。地球上最丰富的蛋白质是核酮糖-1,5-双磷酸羧化酶/加氧酶，由大约 500 个氨基酸分子组成。这种简称"rubisco"的蛋白质在光合作用的复杂魔法中发挥着至关重要的作用。光合作用利用大气中的二氧化碳来产生生物质，并使地球上的生命成为可能。由于组分数量庞大且存在侧链，因此蛋白质是极其复杂的分子。其中有些分子经过演化，在地质年代的长时间尺度上针对其任务进行了微调。将氨基酸链组装成复杂蛋白质的编码信息由 DNA 携带。

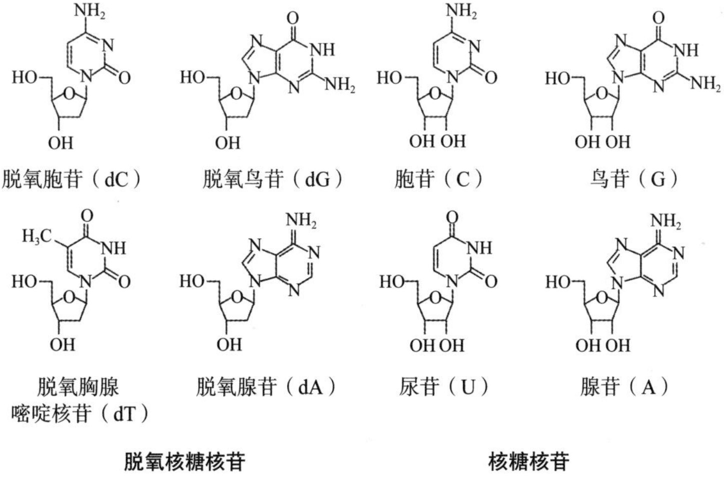

脱氧胞苷（dC）　　脱氧鸟苷（dG）　　胞苷（C）　　鸟苷（G）

脱氧胸腺
嘧啶核苷（dT）　　脱氧腺苷（dA）　　尿苷（U）　　腺苷（A）

脱氧核糖核苷　　　　　　　　**核糖核苷**

图 2-10　各种氨基酸

碳只是庞大元素周期表中的一种元素，但正如我们之前所讨论的，它非常独特，因为它具有形成化学键的非凡能力。凭借其独特的化学灵活性，它绝不仅仅是一种最常见的其单质"黑如煤"的元素。至关重要的是，它能够制造复杂的长链分子和分支。不仅碳原子之间可以形成单键、双键和三键，它还可以与许多其他元素形成这些键。这种元素的化学能力是大自然的奇迹。

第 3 章

地球和太阳系中的碳

作为人类，我们对自己的起源和历史天生就感兴趣。关于最终导致人类出现的许多复杂途径，其中一个重要部分就是地球上的碳（包括构成人体的碳）是如何到达这里的。我们在第 1 章中看到，最终进入地球内部的星际碳原子参与了一系列有趣的过程。天文学家和其他科学家通过研究地球、陨石和其他行星，以及观察年轻的恒星（它们被形成行星的气体和尘埃所构成的云盘包围着），推断出我们星球的起源和历史。古代观星者发现了这个故事的一部分，他们注意到行星穿越天空时循沿相似的路径，这意味着它们是由圆盘形成的，仅此而已，因为他们认为地球是宇宙的中心。古代关于太阳系的大部分模型都是地心模型。

两千年前，希腊哲学家萨摩斯的阿利斯塔克就提出地球绕太阳运行，但直到 1543 年，波兰天文学家尼古拉·哥白尼发表了《天体运行论》，描述了以太阳为中心的宇宙，才是这一观点真正开始被广泛认识到的分水岭。哥白尼将自己的理论建立在行星（尤其是金星）运动的基础上，金星的视亮度随着绕太阳运行而变化。顺便说一句，这本书在1616年被天主教会正式禁止。17世纪初，德国天文学家约翰内斯·开普勒[1]推导出有关以太阳为中心的行星运动和位置的三条重要定律。最后，在17世纪末，艾萨克·牛顿发现了行星运动背后的物理原理。

最终的问题是，围绕太阳运行的太阳系是如何形成的呢？是什么时候形成的？我们先来解决何时形成的问题。地球的年龄在19世纪极具争议。除对《圣经》记述的争论之外，关键的科学争论在于地球年龄是以数百万年计还是以数十亿年计。物理学家、地质学家，甚至生物学家和古生物学家也参与进来。各学科之间存在着一股彼此不信任或者说至少是互相蔑视的暗流，每一门学科的追随者都认为只有自己才能理解全貌。

根据地球从初始熔融状态冷却到当前温度所需的时间，英国物理学家威廉·汤姆孙（开尔文勋爵）在19世纪中叶计算出地球年龄在2 400万～4亿年。后来，他将自己的估计精确到1亿年，再后来甚至将其缩减到2 400万年。然而，汤姆孙在计算中忽略了一些重要因素，正是这些因素最终大大增加了地球年龄的估计值：一个是对流，这是一种热交换过程，增加了地球内部的热传递速率；另一个是地球内部以铀、钾和钍的放射性衰变形式存在的持续热源。

与此同时，地质学家确信地球要古老得多，其年龄在数十亿年量级，甚至可能是无限大。詹姆斯·赫顿和后来的查尔斯·莱伊尔基于均变论提出了地球年龄无限大的观点，即影响地球的一切都是循环的，因此地球不一定有开始或结束。他们争论的一个主要因素是形成地壳各层的缓慢沉积过程与破坏地壳各层的侵蚀过程之间的平衡作用，这种交换可能会持续很长时间。

这时，生物学家插话说，物种的演化，从早期的原始生命到现代的复杂性，需要的时间远远超过数百万年甚至远超数亿年。观察到的沉积速率，加上化石的复杂性随着地层深度的增加而发展这一事实，表明动植物物种的演化经历了很长一段时间。

图 3-1 银河系的全景图像。根据欧洲航天局盖亚太空望远镜对 17 亿颗恒星的观测结果汇编而成。银河系的中心位于图像的中心，右边中下方的两个明亮区域是附近的小麦哲伦云星系和大麦哲伦云星系，黑暗区域是由于尘埃阻挡了银河系平面上的星光。这条富含碳的尘埃带很容易用肉眼看到
资料来源：ESA/Gaia/DPAC（CC BY-SA 3.0 IGO）。

让一颗年轻地球的结论寿终正寝的最后一击，是运用某些元素的放射性衰变时间来测量地球年龄。放射性元素之所以会发生衰变，是因为这些元素不稳定；也就是说，它们会自发地辐射

出亚原子粒子，如电子、正电子或α粒子（含有 2 个质子和 2 个中子的氦核）。有些元素是如此不稳定，以至于它们可以衰变成比氦核质量更大的裂变碎片。其中最著名的也许要属放射性元素铀、钍和碳–14（^{14}C，碳原子的一种罕见形式）。衡量一种元素放射性时间长短的物理量叫作该元素的半衰期[2]，即该元素的原子核有半数发生衰变所需的时间。碳–14 的半衰期为 5 730 年，短到足以用来对人工制品做年龄测定。我们将在第 6 章中讨论碳–14 的有趣历史。

碳–14 的半衰期太短，无法用于地球年龄的测定。铀是一种很好的测量手段，其最丰富的同位素 ^{238}U 的半衰期为 4.5 Gyr（1Gyr 等于 10 亿年）。经过长长的级联衰变步骤，^{238}U 和 ^{235}U 最终分别衰变成稳定的铅同位素 ^{206}Pb 和 ^{207}Pb。用铀测年的结果显示，在我们这颗星球的破坏过程历史中幸存下来的最古老矿物的年龄为 4.4 Gyr，这是无可辩驳的，因此铀的半衰期与记录其历史的地球年龄非常吻合。通过对陨石的测量等方法，地球的形成年龄被延长到 4.55 Gyr。

20 世纪 50 年代，加州理工学院的克莱尔·帕特森确定了地球和太阳系的第一个确定年龄。帕特森在测量铅同位素的工作中发现，我们生活的环境中存在必须认真处理的巨大铅背景污染。这种铅背景污染不是天然的，而是由数千年人类的使用积累起来的，从罗马的管道到用于涂刷房屋的油漆，不一而足。铅污染的一个主要来源是四乙铅，它被添加到汽油中是为了使发动机运行得更平稳。这种东西有点儿像化石燃料在我们的大气中悄悄积累的温室气体二氧化碳。人类加工的铅一直在全球环境中积累，没有人注意到或关心这种状况。人们发现，环境中的铅污染会导致严重的健康问题，如儿童智力下降。顶着工业界强烈反对的压力，帕特森在确定地球年龄方面的英勇努力，最终形成了禁止在汽油、管道、水冷却器、油漆、盘子和玩具等产品中使用铅的全球共识，这是基础科学研究改变我们生活的世界的经典例子。

前面我们提到，陨石在推翻对年龄的估计方面发挥了重要作用。太阳系中形成的最古老的物质是在陨石中发现的。它们的年龄可以追溯到 45.67 亿年，人们普遍认为这是太阳的年龄。宇宙大爆炸发生在距今大约 138 亿年前，而在 90 多亿年后，星际物质在引力作用下坍缩形成了太阳及其行星、卫星、小行星和彗星。

现在，我们来谈谈地球的形成问题。太阳系各大行星脱胎于一个由气体和尘埃组成的盘，或者说圆面。这些气体和尘埃从太阳诞生时起便围绕着它运行。运用日益先进的光学、红外和射电望远镜，我们可以观察和研究年轻恒星周围由气体、尘埃和小岩石组成的盘。观测表明，这种盘在几百万年后就不会保留大量气体（包括 H_2O 和 CO）。因此，气体凝聚的过程一定发生得很快。

就我们的太阳而言，形成行星的盘通常被称为太阳星云。该星云由靠引力聚集在一起的物质组成，最初是氢占主导。氢一直是宇宙中最丰富的元素。在行星形成前，构成盘的原始物质组成类似于太阳，按质量百分比计算，大约73%是氢，25%是氦，其余2%的质量由所有其他元素组成。在这2%中，碳的丰度仅次于氧，要高于氮。星云中碳原子的数量几乎不超过硅、镁和铁原子的总数。这些元素与氧一起主宰着我们星球的质量。

围绕年轻太阳运行的气体-固体粒子盘有一种自然的聚集倾向，这导致越来越大的天体形成。这里所涉及的过程是复杂的，尽管最近在这一领域取得了相当大的观测和理论进展，但具体机制我们仍不太清楚。很可能有许多不同的机制参与了由盘制造行星的过程，它们的相对重要性在位置和时间上各不相同。它们的重要性也可能因恒星而异，既有系统的、可预测的方式（可能取决于恒星的质量或成分），也有随机的因素（取决于概率）。在其他恒星周围探测到的行星的多样性有力地证明，行星的形成虽然很常见，但并不是简单可预测过程的结果。使我们对行星形成的理解变得更加复杂的是，有确凿证据表明，行星可以从其诞生的轨道迁移到更大和更小的轨道。当盘保持气态时，甚至在气体消失数十亿年后，也会发生这种情况。

对太阳系来说，固态天体的形成始于冷凝，即由冷却气体形成固体。可以形成固体的化学元素最初存在于微小的固体星际尘粒中，当时它们是形成太阳及其盘的星际物质系综的一部分，但几乎所有太阳形成前的颗粒都在盘的高温区域蒸发了。因此，冷凝可能发生在足够冷却以形成固体的盘区。对于水冰，水蒸气的温度必须低于零下 150 摄氏度；对于金属铁，气体温度必须高于约 1 000 摄氏度。靠近太阳的盘内侧区域的气体，对形成冰来说太热了，但坚固的岩石材料和金属铁可以固体形态存在。离太阳较近的区域温度超过 2 000 摄氏度，非常热，没有固体能存在，所以这里是一个无尘区。但冥王星附近的盘外侧区域足够冷，水甚至一氧化碳、甲烷和氮气等超级挥发物也可以凝结。

微小的固体在盘中形成后，立即开始聚集成越来越大的天体。生长途径有很多，但最早只是通过碰撞。粒子会像滚雪球一样黏附在一起，滚到如此大的尺寸，以至于它们可以下落并集中在盘的中平面。传统观点认为，千米量级或更大的天体是由一长串碰撞和黏附形成的，但当碰撞速度快到足以使天体破碎时，碰撞产生的天体体积增长可能会受到抑制。当天体处于千米量级时，气体逆风产生的摩擦力会导致它们的轨道向着太阳螺旋式衰减。传统的碰撞方案也很难解释行星是如何在短时间内形成的。

现在人们普遍认为，行星的形成得益于气体过程。这些气体过程导致了小型固体颗粒的聚集。其中一种增长概念涉及"冲流不稳定性"；这些不稳定性是盘中的动态气体效应，气体在盘中引起星际尘埃聚集并形成团块。在围绕恒星旋转的气体盘中，即使是密度异常高的局部区域，也会引起小块岩石向团块迁移，并增加局部的固体质量。如果盘中有气体团，气体就会顺风作用于气团内部轨道上的粒子，导致它们向外移动，而气团外部的粒子则会因逆风而向内移动。如果固体的密度足够高，含有尘埃和巨石的团块自身的重力可以让它迅速地平稳坍缩，从而形成大的固体团块。

随着时间推移，团块的生长会加速，直到盘中的大部分固体成为直径高达数千千米的星子或前行星体。最终形成的行星是像地球这样的天体，这期间包括如月球和火星这样大的天体之间的高速、剧烈的碰撞过程。人们普遍认为，月球的形成就是火星大小的天体在其生长后期与地球碰撞的结果。

物质聚集的位置会对所形成天体的成分有影响。即使是火星与木星之间的小行星，含碳矿物和含水矿物也存在随着到太阳的距离增加而增多的趋势。一般来说，对于离太阳较近的位置上形成的天体，挥发性化合物（包括含碳和氮的化合物）的含量较少。即使考虑到行星和较小的天体可以迁移，情况也依然如此。具有讽刺意味的是，地球是目前已知的宇宙中唯一有生命的天体，其生命形态是由极少量的碳、氮和水形成的。火星以外的行星含有更多的碳，但除了冥王星及其家族，它们都没有固体表面。巨行星木星、土星、天王星和海王星的外层区域都只是气体。虽然大气层中可能含有微小的固体或液体颗粒，但这些行星的表面不存在界面。

在太阳系形成很久之后，它的天体清单是这样的：行星及其卫星，加上我们现在认为是小行星的天体、彗星或其他绕太阳运行的各种较小的天体。幸存下来的较小天体从未被吸积到行星中，它们在数十亿年的时间里既可能被摧毁，也可能被逐出太阳轨道，因为它们都位于远离大质量行星的罕见的引力避难所中。

行星可以根据它们的一般物理性质进行分组。火星和冥王星之间的所有行星都是巨大的；它们没有固体表面，被称为巨行星。天王星和海王星被称为冰质巨行星，不是因为它们由冰构成，而是因为冰曾经是它们的岩质/冰样固体的丰富成分。冰和固体有机物的积累导致冰质巨行星的碳含量高于另外两颗巨行星——木星和土星。木星和土星被称为"气态巨行星"，因为它们是由气体构成的。与太阳一样，它们的质量主要由氢和氦贡献，这两种元素主要以气体形式存在于早期的太阳系中。由于其巨大的质量，这些巨行星含有太阳系大部分不在太阳中的碳。但与太阳中一样，这些碳被更丰富的较轻元素高度稀释。

木星以内的行星被称为类地行星，因为它们相对来说类似于地球。最重要的是，它们都有固体表面。所有行星的内部、表面和大气中都含有碳，但类地行星更加令人感兴趣，因为它们有可能提供适合生命存在的表面或近表面环境，即使内部的碳很稀少。如前所述，碳是太阳中第四丰富的元素，在地球上却仅占地球质量的万分之几，这一点想想都令人惊奇。围绕其他恒星运行的某些类地行星很可能是以富积更多含碳固体的方式形成的，因此其总碳丰度可能百倍于地球。对围绕其他恒星运行的系外行星的研究表明，类地行星及其形成过程存在相当大的多样性。在其他恒星周围，这些过程使一些类地行星比太阳系的任何类地行星都大得多，而且它们离其恒星比水星离太阳更近（水星是离太阳最近的行星）。

太阳系中碳含量最高的天体不是太阳或行星，而是彗星和小行星等较小的天体。这些天体是 40 多亿年来躲过与行星碰撞或从太阳轨道抛射出的行星构件遗存。这些天体的直径大多小于 1 000 千米，它们呈炭黑色，大多数在特殊的太空区域运行，在那里它们可以躲避行星的剧烈引力扰动。如果它们有朝一日靠近行星，轨道就会被扰动，然后它们要么逃离太阳系，要么撞到太阳或行星。

这些小天体包括火星和木星之间的主带小行星，以及在海王星以外的两个区域度过大部分时光的彗星。彗星的一个来源区域是海王星外的柯伊伯带，另一个是奥尔特云，它延伸的距离是海王星轨道半径的 1 000 倍以上。"发现"奥尔特云这个彗星团的科学家是荷兰天文学家扬·奥尔特。实际上，他没有观察任何一个天体，但他通过分析彗星轨道推断它们是从数百万个天体的巨大球形分布中向内坠落的，从而对它们的存在给出了理论推论。柯伊伯带是一个扁平的环形轨道天体分布区，荷兰出生的天文学家杰拉尔德·柯伊伯早在人们发现它之前就提出了它的存在。

大多数小行星（可能还包括所有的彗星）都富含碳，因为它们形成于寒冷、遥远的区域。彗星上除了岩石和有机物质，还含有大量冰、一氧化碳和其他挥发物。许多小行星还残留大量有机物质，它们在形成之初也存在相当程度的水冰。在离太阳过近的小行星上，冰要么蒸发，要么融化形成水，而水可以与固体发生化学反应，形成滑石或蛇纹石等含水矿物。当太阳系年轻时，它包含了大量富含碳的小行星和彗星状天体，其中大多数要么在行星形成时成为行星的一部分，要么被喷到逃离太阳约束的轨道上，然后逃出太阳系。

除了行星、小行星和彗星，还有两类额外的天体可以在太阳系的数十亿年历史中保留碳，那就是行星的卫星和矮行星。围绕行星运行的卫星在性质上和碳含量方面有着惊人的多样性。一些卫星，比如我们的月球和木卫一，是已知火山活动最活跃的天体，只含有微量的碳。其他一些在低温区域形成并保存下来的卫星含有大量的碳。在这些富碳卫星中，令人印象最为深刻的是土星的最大卫星土卫六。土卫六有一个寒冷的富氮大气层，其表面大气压强比地球的高。土卫六的密度表明，这颗卫星的内部组成大约是 1/2 的水和 1/2 的岩石。它的大气层中含有将近 3% 的甲烷。其他碳氢化合物在大气中形成，有时会通过降雨进入地表。土卫六的地表有特殊的碳氢化合物形成的湖，这些湖似乎会随着时间推移而变化，可以像镜子一样反射阳光。

太阳系已知的 5 颗矮行星都是在远离太阳的区域形成的，含有丰富的碳。第一颗矮行星叫谷神星，是一颗大的球状小行星，于 1801 年被发现。第二颗（也是最大的）矮行星是冥王星，由克莱德·汤博于 1930 年在洛厄尔天文台发现。2006 年召开的一次国际天文学联合会的会议上，通过投票，最大的小行星被升级为矮行星，同时著名的行星冥王星被降级为新定义的矮行星类别，这是一个有争议的决定。[3]谷神星、冥王星和冥王星的大卫星冥卫一是这类矮行星中仅有的被航天器近距离研究过的天体。正如新视野号（也称新地平线号）宇宙飞船在 2015 年看到的那样，冥王星有着壮观的表面，其活动是人们以前无法想象的。冥王星的地表大部分是冰冻的氮气，还有少量的水冰、冰冻的一氧化碳和可燃冰。有证据表明，冥王星存在剧烈的地质活动，包括一个看起来像对流元的大区域和一些由水冰组成的巨大山脉。冥王星的内部主要是岩石材料，可能含有大量的碳，并且有一个非常厚的冰幔（图 3-2）。

图 3-2 新视野号宇宙飞船看到的冥王星的壮观景象。光滑区域的地质年代较为年轻，覆盖着氮冰；左边的山脉则是由水冰构成的。冥王星的一些山脉覆盖着甲烷霜

资料来源：美国国家航空航天局/约翰斯·霍普金斯大学应用物理实验室/美国西南研究院。

我们最近的行星邻居是火星，它与地球有很大的不同。与我们这颗基本稳定、被水覆盖的行星相比，火星有相当不稳定的历史。人们对火星和金星内部的碳知之甚少，但对它们以二氧化碳为主的惊人大气层进行了相当深入的研究。火星表面的大气压强不到地球的 1%，由于距离太阳很远，而且火星大气中只有微弱的温室气体用于保暖，因此火星表面很冷。金星的大气密度则是地球的 100 倍，温室效应极强，表面温度高到足以融化铅。地球的碳含量至少与金星大气中的一样多，但我们的碳被困在地表下的石灰岩中和地球内部更深的其他区域。

地球和其他类地行星如何获得碳呢？地球是由围绕年轻太阳运行的短命物质盘形成的。最初，我们星球上的碳原子作为太阳和行星赖以形成的星际气体和尘埃系统的一部分，到达了后来的太阳系。碳原子的第一类载体包括一氧化碳和甲烷等气体、更大更复杂的分子，以及广泛的含碳固体材料，诸如有机材料、冰、碳化硅，甚至单个碳原子（它们以高能量注入原本不含碳的固体）。在太阳系的形成过程中，可能存在某些幸运地未被破坏的复杂有机分子，它们在导致生命形成的前生命化学演化中发挥了直接作用。从这个意义上说，可能正是这些比太阳更古老的复杂有机物"启动"了生命的演化之路。当然，所有（或几乎所有）这些分子也可能在恒星和行星形成的炽热、辐射环境中被破坏。

我们已经提到，形成行星的最初物质盘的内侧区域非常热，其外侧区域则足够冷，以至于气态物质可以凝结成固态物质。在形成地球和其他类地行星的温暖区域，这类冰不可能以小颗粒的形式存在。这个区域的温度太高，含碳化合物无法冷凝，也没有其他方法可以让星云气体中的碳直接变成固态并大量融入行星。而在太阳星云的寒冷区域，碳可以凝结，并通过辐射和其他过程，部分地转化为有机分子。地球上的大部分物质能够以固体形式存在，但在太阳系的内侧区域，碳主要以气体形式存在，无法冷凝成固体。因此，我们的地球和其他类地行星都是贫碳的。

地球的形成是通过吸积作用实现的。小到尘埃，大到如火星般大小（半个地球的大小）的块状物，这种吸积均来者不拒。这些飘浮于太空的撞击体，有些可能是局部形成的，有些则来自太阳系更遥远的地方，包括那些含碳和含水的硅酸盐丰度远高于我们这个易挥发的贫碳星球的区域。在太阳星云中，有一个距太阳足够远的位置（距离），在这个距离之外温度足够低，使水冰可以凝结成颗粒。这被称为雪线，地球上的大部分水和碳很可能都来自雪线以外寒冷区域所形成的物质。该区域的一些物质含有冰，另一些物质含有水合硅酸盐矿物（这些矿物是在千米量级的星子内部形成的，其作用过程可能是与冰融化后的水接触的岩石发生了化学蚀变）。这些过程只能发生在星体的内部，因为只有星体内部区域才足够温暖，体积也足够大，使得内部压力和温度足够高，冰能够融化而且形成的水得以保存。水合硅酸盐是水的重要载体，因为它们可以在比冰点高得多的温度下保持"结合水"状态。在太空中的小岩质天体内部，水要想以冰的形式存在，环境温度就必须低于零下 130 摄氏度，但水合硅酸盐可以将水保持在 400 摄氏度的温度下，高于这个温度时，这些矿物才会分解并释放出所结合的水。

目前，地球仍在吸积小行星和彗星抛出的富碳碎片。这些物质都是在雪线外形成的。在典型年份，主要由行星际尘埃流入地球的物质每年可以多达 4 万吨。其中大多数颗粒都小于人类头发的直径，其有机碳含量通常约在 10%，远高于类地行星的碳丰度。

从陨石、宇宙尘样本，以及直接从彗星和小行星收集的样本中，我们看到许多太阳系早期的物质是成形于不同时期并经过远距离运输的材料形成的混合物。在地球成长为一个巨大的天体后，地球上的大部分质量都是吸积得来的。进入地球的固体以每秒数千米的速度降落到地球上。它们的动能大于其分子的结合能，因此其中大多数现有化合物都在撞击过程中遭到了猛烈的加热破坏。

除了后来出现的陨石和宇宙尘，所有输送到我们星球的原始碳都经历过早期地球上发生的极端条件。这包括极高的温度，以至于整个星球都被熔融岩石形成的深层岩浆海洋所覆盖。这些过程破坏了含碳化合物中的化学键，并使它们发生转化。我们星球深处的碳原子具有亲铁的化学性质，这可能导致地球上大部分碳进入熔融的金属铁，而金属铁沉入地球中心，形成了地球的大铁芯。同样的过程也耗尽了地壳和地幔中其他亲铁元素，如金、铂和镍，它们都集中在地核中。看似矛盾的是，一颗贫碳行星，宇宙中唯一被证明有生命的天体，其大部分宝贵的碳可能被完全隔离于地表之下，而只有在地表上碳才能在生命过程中发挥作用。碳被锁在这颗行星的地狱般的核心，那里的温度超过5 000摄氏度（与太阳表面一样热），压力超过300万个大气压。

显然，由于碳存在于我们这个覆盖着生命的星球上的所有生命形式和生物质中，因此有时人们会认为我们的碳主要分布在地表附近，但我们已经看到事实并非如此：大多数的碳都隐藏在地球内部。地球具有圈层结构，碳存在于从大气层顶部到地核之间的各个层面。在地表以下，一些大尺度的层级结构与分化有关，分化是地质演化早期发生的基本过程，在类地行星、大的卫星，甚至最早形成的小行星中都很常见。对地球来说，分化形成了地幔，其内部核心由金属铁构成（这些铁富含在亲铁元素内）。地核形成是因为金属铁和硅酸盐在熔融状态或塑性状态下不会混合，而且金属的密度要比硅酸盐材料的密度大得多，所以它们沉入地球中心。地球的总密度约为每立方厘米5.5克，地壳的密度约为每立方厘米3克，地核的平均密度约为每立方厘米12.2克。由于高压，地球的内核是固体，但大部分铁核呈熔融态（图3-3）。

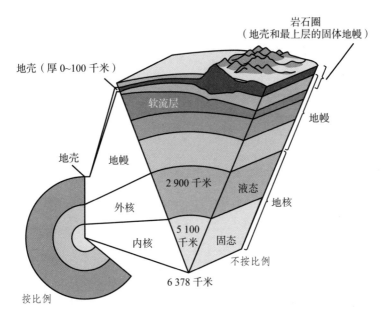

岩石圈
（地壳和最上层的固体地幔）

地壳（厚 0~100 千米）

软流层

地幔

地壳

地幔

2 900 千米

液态

外核

地核

内核

5 100
千米

固态

6 378 千米

不按比例

按比例

图 3-3　地球的内部结构

资料来源：美国地质勘探局。

　　地球的内部结构无法从地表直接探测。俄罗斯的科拉超深钻孔深度为 12.3 千米，而地球的半径为 6 378 千米。这个钻孔只是一道划痕。因此，我们必须找到其他方法来探测地球的内部结构。有一种方法可以提供指导，尽管我们无法准确地将其纳入计划，那就是地震。当地表震动时，地质学家可以根据地震的时间和位置，推断出地球内部从刚性岩石圈到中心的几层结构。

　　在我们对碳的探索中，我们讨论了碳的发现、起源和化学作用，并展示了关于地球上碳分布的许多有趣的事情。在第 4 章中，我们将讨论碳对地球和其他地方的生命所起的作用。在第 5

章中，我们将探讨整个银河系中碳的问题，以及与围绕其他恒星运行的系外行星上的生命有关的问题。詹姆斯·韦伯太空望远镜首次探测到系外行星大气中存在二氧化碳。我们对系外行星的普遍预期是什么？与太阳系一样，我们预计其他行星也会含有碳，但数量和形式不同。有些行星可能与生命有关，但许多行星上可能没有生命，要么是因为它们无法提供适当的环境，要么是那里的生命从未形成。

第 4 章

碳与地球和
其他地方的生命

除了在宇宙的宏大演化中发挥作用，第六号元素之所以让人类特别感兴趣，是因为它在生物学中的核心作用。在我们这颗星球存在的大部分时间里，生命早已存在。但随着我们对过去的研究逐渐深入，最早期生命的证据变得不那么清楚，也更具争议，因为我们生活在这样一个活跃的星球上，古老的物质不断地被改变或破坏。人们普遍认为，第一个合理的、令人信服的生命证据可以追溯到35亿~40亿年前。最早期的时间特别令人感兴趣，因为39亿年前的这段时间包括月球受到许多大的撞击物撞击的时期。这些撞击物严重毁坏了月球最古老的表面。尽管对所发生的事情存在一些争议，但人们通常将这一时期的撞击称为晚期重轰击（LHB），它留下的痕迹就是你通过双筒望远镜看到的月面上那些环形山。假设当时地球也受到过类似的撞击（据估计，它可能受到大约40次撞击），这些撞击将产生直径1 000千米或更大的陨石坑或撞击盆地。生命在历史上很早就开始演化了，但在LHB之前，地质记录还很粗略。我们可能永远不知道生命的形成是否早于这个时间。

但生命毕竟形成了，并且在接下来的几十亿年里经历了深刻的环境变化。第六号元素的独特化学灵活性，使其构成了令人难以置信的分子机制的基础，即生命的基础，至少对于"我们所知的生命"是这样。如何将生命与非生命区分开来是一个常见的话题，从小学生一直到天体生物学这个广泛科学领域中最权威的专家都可以讨论。我们略过有关生命的复杂定义，只讨论将生命看作进食、排泄、繁殖和演化这一过程的普遍观点。最低要求但更正式的生命定义是，它有繁殖的能力，并有能力随着栖息地的变化而逐渐变化（演化）。

地球上丰富的生命是如何形成以及何时形成的？生物体中最丰富的元素是碳、氢、氧和氮。它们也是太阳乃至宇宙中除氢以外最丰富的元素。通常，这4种轻元素的组合被简称为"CHON"。从一开始，早在地球大气层中有游离氧之前，在生命形成的开始，碳就存在了。碳约占我们体重的18%，而作为宇宙主要成分的氢仅占人体重量的约10%，而且大部分的氢还是被束缚在水分子中。地球形成时所存在的大气层里的氢气早已逃逸到太空。由于其重量轻，自由氢在大气层顶部以非常快的速度传播，因此很容易逃逸到太空。目前，我们的大气层中仍保留着少量氢气，这是因为有火山喷发等氢的来源，与大气层顶部的损失之间达到平衡。氧（以水的形式存在）是人体内最丰富的元素，约占总重量的 65%。即使是在典型的岩石中，超过 90% 的体积也被氧原子占据。从体积上看，我们的星球几乎是纯氧的。氮主宰着我们的大气层，但它只是地球上的一种微量元素。由于它在氨基酸和遗传物质中的作用，它的生物循环和地质循环是生命的基本要素。

　　碳、氢和氧的命名都是由安托万·拉瓦锡完成的。碳、氢、氧、氮这 4 种关键元素都是在短时间内发现的，成为该时期科学活动和思想进步快速发展的一部分。虽然自古以来碳就为人所知，但要感谢亨利·卡文迪许、卡尔·威廉·舍勒和约瑟夫·普里斯特利的工作，才有了拉瓦锡于 1789 年将碳正式列为一种元素。1766 年，英国物理学家卡文迪许发现了氢，但在更早的时候它就被制造出来了，只是并不被当成一种元素看待。卡文迪许也是第一个注意到氢气燃烧会产生水的人。氧是由不同国家的两三位化学家各自独立发现的。最先是瑞典的舍勒于 1772 年的工作，但直到 1774 年普里斯特利在英国发现了氧并发表了他的发现后，舍勒才公布了自己的发现。普里斯特利称这种气体为"脱燃素空气"，这就是当时人们对它的理解，直到拉瓦锡才将其命名为氧气。1775 年在法国，拉瓦锡声称自己独立发现了氧气，但关于这一发现的独立性存在争议。氮是在 1772 年被发现的，尽管当时舍勒、卡文迪许、普里斯特利和其他人也在研究氮，但这一发现应归功于苏格兰科学家丹尼尔·卢瑟福。卢瑟福检测燃烧后的气体残留物时发现了氮，此时空气中的氧已经通过燃烧去除了。

大量丰富的"CHON"元素是生命所必需的。我们星球上最大的谜团之一就是这些轻元素如何导致生命形成。几个世纪以来，人们一直认为，我们的碳基生命可以简单地由非生命物质自发产生。例如，营养肉汤会自发生长出霉菌和细菌。支持这一观点的人观察到，蛆可以在没有任何外部干预的情况下出现在一堆垃圾中。但到 19 世纪中期，路易·巴斯德已经证明，无菌的、非生命物质的隔离会阻止新的生命形式在其中出现。这一发现引出了生源说：预先存在于我们周围空气中的微生物会导致污染，而生命并不是自发出现的。至于对垃圾生蛆的观察，那是苍蝇的杰作。对苍蝇来说，一堆垃圾是天堂，它们可以在里面产卵。几天后，它们的小婴儿（蛆）便出现了。这些蛆以垃圾为食，而它们的父母早已离开现场。所以，这些蛆虫不是凭空出现的。

1907 年，瑞典化学家斯万特·阿伦尼乌斯提出了一种替代"自然发生说"的理论。他认为地球上的生命是数十亿年前从太空引入的，最初以微小孢子的形式飘浮在银河系中，四处着陆，成为新生物系统的种子。这个观点被称为胚种假说。然而，有几项论据使它看起来不太可能。这种孢子需要很长时间才能渗透到银河系中，最重要的是，孢子似乎不太可能在长期太空旅行的危险环境中存活下来，因为它们会暴露在宇宙射线、X 射线、紫外线、恒星爆炸的冲击以及与星际尘埃的高速碰撞中。此外，这种观点只是置换了下述论点：生命必须在某个地方形成，然后它必须将孢子分散到星际空间。如果生命不是出现在地球上，那么它会最先出现在哪里？

胚种假说是地球上生命地外起源说的一种形式，现在仍有一些支持者，但只是少数人。在这里，我们再次发现弗雷德·霍伊尔是核心人物。他的稳态宇宙主张对生命的创造没有任何要求，它原本就一直存在。但是，最终被人们接受的是一个膨胀的宇宙，于是他不得不找到一种方法来解释为什么宇宙在膨胀，但物质密度不变。如果没有补充物，那么密度必然会降低。为此，霍伊尔调用了一个宇宙补给站：星系际空间会自发形成新物质，来抵消膨胀造成的密度稀释。总之，霍伊尔认为生命会在任何时候出现在任何地方，而且永远存在于任何地方。"孢子理论"（地外起源说）可以解释这一点。

霍伊尔和他的追随者认为，包括细菌在内的有机物质可能存在于星际尘埃颗粒上，这些颗粒被引入地球表面后，不仅给我们的星球带来了最初的生命，甚至在今天还会导致流感和其他疾病在地球上流行。霍伊尔的科幻小说《黑云》里有涉及细菌入侵地球的情节。

关于生命地外起源说的其他论点有：地球历史上没有足够的时间让原子随机组合形成复杂的生命分子，或者早期地球上没有产生RNA（核糖核酸）和DNA等大分子的可行机制。但这种观点遭到下述观察事实的反驳：观察表明，分子的某些排列非常受欢迎，因此导致生命的分子组合不是随机的，而是由某些分子彼此间的亲和力决定的。一些人认为，天然产生的脂肪酸等材料可能具有非生物形成的细胞状结构，其外部具有类似半透膜的结构，使其能够将某些分子集中在内部。像这样的过程可能会启动生命的起源，生命通常可能是在提供和维持适当条件的天体上形成的。与生物演化一样，通向生命的前生命过程可能很复杂，涉及各种可能的途径，其中许多途径导致死亡或使生命系统无法生存。由于地球上所有的生命都经历共同的过程和使用同样的化合物，因此人们普遍认为，现存的所有生命都与"最后一个普遍的共同祖先"（简称LUCA）直接相关并从其演化而来（图4-1）。LUCA的演化在地球历史上开始得很早，但我们可以合理地想象，在LUCA之前可能还有其他生命形式，但没有占上风。

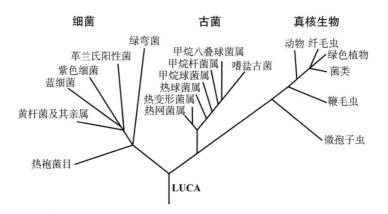

图4-1　这个系统发育树来源于核糖体RNA序列数据，表明主要的生物群都来自地球历史早期形成的最后一个普遍祖先

资料来源：Chiswick Chap via Wikimedia Commons（CC BY-SA 4.0）。

1924年，俄罗斯生物学家亚历山大·奥巴林发表了他的从"原始汤"开始的生命理论。虽然这种理论确实包括了水，但与

"金宝汤"浓缩罐头的风味相去甚远。奥巴林曾得出结论，地球最初大气层的主要成分是简单气体（氨、甲烷和水蒸气），以及银河系中最常见的两种元素氢和氦。现在他提出，随着时间的推移，这些简单分子能够化合形成越来越复杂的物质种类。在某个未指明的时刻，你可以称之为"生命"的东西出现了。但奥巴林无法通过实验来检验他的理论。

与此同时，英国生物学家J. B. S. 霍尔丹提出了一种对从零开始的生物演化的形式数学处理方法。[1] 根据他的逻辑和数学理论，霍尔丹认为演化是一步紧跟着一步的一系列逻辑步骤。他未必是无神论者，但他相信逻辑和科学可以解释一切。由于他的理论不需要依靠上帝之类的外部影响，因此他关于这一主题的畅销书激怒了当时的宗教领袖。这种对生命和宇宙的看法被称为"科学主义"。显然，霍尔丹也是最早预见未来无碳能源发电的人之一。他在 1923 年的一次演讲中指出，煤炭供应最终会耗尽，英格兰最终将不得不使用一些无煤的能源，如风能。

霍尔丹理论的第一步涉及复杂碳基分子的前生命演化和反应途径的发展。由此将产生第一批生物，即我们的祖先。目前，人们已发现了这方面的化石证据，包括 35 亿多年前被称为叠层石的结构，这些结构似乎是由不产氧光合作用细菌形成的广泛微生物垫。与地球的 45 亿年多一点儿的年龄相比，生物存在的时间跨度至少是地球历史的 3/4（图 4-2）。

图 4-2　美国纽约萨拉托加斯普林斯石化海洋公园国家历史地标馆展出的 5
亿年前的叠层石。这些石头不是化石，而是由能形成微生物垫的细菌形成
的结构

资料来源：J. Bret Bennington摄影。

　　当生命在地球上出现时，它是在一种不含游离氧的大气中
开始的。如果没有游离氧，就没有臭氧层来保护地球表面免受来
自太阳的紫外线的致命照射。地球最早的大气层中可能含有少量
的游离氢甚至氨（NH_3），但这些成分不可能保留很长时间，因
为它们要么被分解，要么流失到太空中。我们早期的大气中肯定
含有氮、水蒸气，可能还有大量的二氧化碳。虽然现在二氧化碳
只是一种微量气体，但在过去它要丰富得多。以二氧化碳为主的
大气可能是许多类地行星的常见组成部分。但这些类地行星既不

包含能够改变大气组成的丰富生物质，也不包含类似于地球上的"陆地—海洋—空气"过程——正是这种过程使二氧化碳从空气中去除，并被封存在地下的大量碳酸盐沉积物中。

这种含碳气体也是与地球相邻的行星（火星和金星）大气层的主要成分。在数十亿年的演化过程中，地球大气中的二氧化碳含量普遍下降，尽管最近由于燃烧化石燃料释放的二氧化碳，这一趋势已经逆转。目前，地球大气二氧化碳的浓度为0.04%，而且在上升，但与遥远的过去相比，这是一个很小的数字。我们的星球上有大量的碳，这些碳以前富集在大气层中，但现在被束缚在石灰岩中。最终，在太阳变得过于明亮之后，这种温室气体"定时炸弹"将重新进入大气层。

早期大气中还含有甲烷，它是天然气的主要成分。甲烷似乎一直是一种次要成分，直到24亿年前发生了一个惊人的转变事件。这个分水岭性质的事件就是甲烷消失、氧气开始在大气中积累。大气中的碳从与氢结合的还原状态转变为与氧结合的氧化状态。含甲烷的大气转变成含游离氧的大气是地球历史上最具生物学意义的事件之一，被称为大氧化事件（GOE）。这一事件也被称为氧气灾难、氧气革命或氧气危机。大气中的游离氧和甲烷在化学上是不相容的，因为甲烷在有氧气的环境下会被氧化成二氧化碳。光合微生物释放氧气的现象可能至少有10亿年了，但这种气体无法积累，因为游离氧被一系列过程去除的速度与它产生的速度一样快，这些过程包括与铁的反应。在地球历史上的那个时期，铁是溶解在海洋中的。

在地球大气中的氧含量最终上升后，海洋中的铁被完全氧化，无法再停留在溶液中，这成为提取氧的有效手段。地球上许多巨大的铁矿床都是在大气中氧含量上升之前形成的。美国的史密森尼国家自然历史博物馆入口处的红色巨石就是条带状硅铁建造（BIF）形成的经典例子。这是一种通常在大气含有丰富的游离氧之前就形成的铁矿石。它生成于这样一种地方：亚铁离子（Fe^{2+}）溶解在缺氧的海水中，然后沉淀，最终形成二氧化硅和铁氧化物的层状混合物，其中既含有 Fe^{2+}，也含有完全氧化的 Fe^{3+}。氧开始积累，只有当氧的供应速率超过它从大气中被去除的速率时，甲烷才会消失。

大气中少量的甲烷可能在下述方面发挥着重要作用：它使得早期的地球保持足够温暖，使其海洋在很长一段时间内从未结冰。甲烷是一种强大的温室气体，即使是少量也会产生显著的保暖效应。除了甲烷，早期大气中可能还含有大量的二氧化碳。太阳年轻时要比现在暗，甲烷和二氧化碳的额外保暖效应可能在地球的早期历史中至关重要。海洋在很长一段时间内没有结冰，这一事实被认为是一个谜，称为"黯淡太阳悖论"。太阳作为一个将氢转化为氦来产能的巨大核聚变反应堆，其核心温度随着年龄的增长而上升，太阳每10亿年就会变亮约10%。当地球还年轻的时候，太阳至少比现在暗30%。解决这一矛盾的部分原因可能就是气候变暖加剧，有时被称为温室效应。大气中少量的甲烷可能使地球保持不冻的状态，适合微生物居住，但大氧化事件后甲烷的损失可能会引发大气的不稳定，导致几次短暂的全面冰冻期，被称为"雪球地球"事件，当时海洋的冰封一直延伸到赤道附近。甲烷这种温室气体的保暖效应突然消失，可能引发了最早的"雪球地球"事件。大气中的碳（包括甲烷和二氧化碳中的碳），既可能帮助也可能阻遏我们星球上早期生命的繁衍。

大氧化事件是地球历史上的一个关键性事件，它为能够进行有氧代谢的生物的未来演化打开了大门。所谓有氧代谢是指一个最终导致多细胞生物、动物和人类诞生的能量转化过程。大氧化事件带来的游离氧含量的上升也有不利的影响，正如此前所指出的，这一事件也被称为氧气灾难。那些无法在新的、危险的含氧世界中演化出生存能力的生物可能就此灭绝，大氧化事件可能由此导致了地球历史上最大规模的集群灭绝。微生物是很难被扑灭的，但氧气作为一种倾向于氧化或破坏许多有机化合物的反应性有毒气体，它的含量上升对那些无法躲避或演化出与之共存机制的生物体来说，无疑是一个巨大的挑战。

我们星球上生物的演化，与大氧化事件等复杂行星过程的联系，以及大气中二氧化碳被去除并形成埋藏的碳酸盐，为看待宇宙其他地方类似行星上生命的演化过程提供了宝贵见解。从含甲烷的大气突然转变为含游离氧的大气，这可能是其他一些行星上的一种常见演化事件，只要这些行星足够像地球，并且孕育了大量生物，这些生物的活动就会使其所在行星的大气层产生广泛的改变——广泛程度超出无生命行星应有的范围。

关于生命起源，有一个有趣的问题：第一种"活的"（自复制的）有机分子是核酸还是蛋白质？因为我们既需要核酸来存储自复制的信息，也需要蛋白质来进行化学反应。目前，人们倾向于认为第一种"活的"分子可能是RNA，但是我们首先来研究一下DNA。

蛋白质和核酸都完全由氢、氮、氧、磷、硫和碳组成。地球上所有的生命都依赖于DNA。随着植物和动物的繁殖，这种巨大的复杂分子将遗传信息代代相传。人类DNA分子总长度达到几米，具有一定的自我修复能力，可修复辐射或化学效应所造成的损伤。令人难以置信的是，如果人体内所有的DNA分子都被拉伸并连成一条绳子，那么其长度将比地球和木星之间的距离还要长50多倍。每个生物都有自己独特的DNA（同卵双胞胎除外），它反映了过去几代人的印记。

DNA分子是由4种亚基组成的长长的聚合物。这4种亚基被称为核酸碱基，分别是腺嘌呤、鸟嘌呤、胞嘧啶和胸腺嘧啶。这4种碱基对应的核苷酸以三联体组合的方式形成特定的排序，这种排序决定了构成人体蛋白质分子的20种氨基酸的顺序。脱氧核苷酸成对地相互作用，因此每条DNA链都有一条伴链，形成了著名的"双螺旋"结构。DNA复制时就像拉开拉链一样，这些核苷酸对的每一半都可以作为模板制作出与它匹配的核苷酸，就这样复制整条链。所有这些作用都是由蛋白质完成的。我们在第 2 章提到过，由氨基酸组装成蛋白质并由 DNA 对其进行编码的过程。

RNA 与 DNA 相似，只是其中的一个亚基不同。RNA 参与将 DNA 中的信息翻译成蛋白质的过程。蛋白质的基本组分是氨基酸，最小的氨基酸是甘氨酸。我们几乎可以肯定，甘氨酸在地球形成时就已存在，因为它存在于古代陨石中，甚至存在于彗星返回的样本中。彗星和陨石在其整个历史进程中一直都向我们的星球输送甘氨酸及许多其他有机物。这种自由输送系统不可避免地将甘氨酸输送到所有绕太阳运行的天体上。

如果甘氨酸存在于太阳系之外，就可能在星际空间中探测到它。像几乎所有分子一样，甘氨酸也可以发射特定频率的无线电波。这些无线电波是由分子转动跃迁产生的。[2] 2003 年，一组天文学家报告说在星际云中检测到甘氨酸，引起了极大的轰动。然而到 2004 年，人们开始对这一发现表示怀疑，因为当时进行了更仔细的搜索，但没有发现其踪迹。2023 年，据报道，在恒星形成区 IC348 发现了色氨酸。色氨酸是地球生命的关键蛋白质所必需的 20 种氨基酸之一。这一发现是基于斯皮策空间望远镜对 20 条发射线的观测。相关的搜寻工作将继续下去，因为在星际空间中发现氨基酸就表明这种重要的分子存在于太阳系外的宇宙中。

古生物学家彼得·沃德和天文学家唐纳德·布朗利写了一本名为《稀有地球：为什么复杂生命在宇宙中如此罕见》的书，其中主要描述我们星球的历史，以及通向复杂生命的缓慢而艰难的演化过程。他们的"稀有地球假说"表明，其他地方的生命可能经常以与太阳系中所发生的情形相似的方式演化。其基本观点是，微生物可能在宇宙中很常见，但类似于地球上的动物和植物的生命形式则可能很罕见。这一观点的基础是地球上生命的历史，以及太阳系天体上存在的环境范围。在太阳系中，一些天体提供了地表下的环境，地球上发现的某些强大微生物可以在那里存活，至少可以存活一段时间。与之形成鲜明对比的是，在太阳系中，除了地球，没有其他任何地方能够提供允许地球上动物生存的地表环境。即使是太阳系中最像地球的行星——火星，它的表面也是一个对生命高度不友好的环境，已知类型的植物或动物没有一种能够在那里生存。在地球的历史上，微生物形式的生命很早就开始了，尽管我们的星球和太阳发生了重大变化，但它们已经繁衍了几十亿年。

地球上的经验表明，一个星球只要能够提供合适的环境条件，不禁止微生物的产生、生存和繁殖，那么这种微生物的起源和生存就可能很容易实现。在地球上，几乎在地球的环境条件刚好稳定到让强大的微生物能够生存的时候，微生物形式的生命就发展起来了。与能够在极端温度、压力、酸度、盐度、含水量和其他因素下生存的微生物相比，动物生存所需要的环境条件就相当苛刻和有限了（包括要求大气中存在氧气）。能够生活在极端条件下的微生物被称为嗜极微生物，它们是在相当恶劣的环境中被发现的。嗜极微生物给了人们寻找地外生命的希望：这些生命形态不必是科幻小说中想象的怪物，而是微观生物。一些嗜极微生物生活在地球表面以下很深的地方，其环境与其他行星及其卫星的地下环境非常相似。嗜极微生物令人印象深刻，但大多数已经演化出在范围有限的极端环境中生活的方法。没有一种"超级嗜极微生物"能在各种不同的极端环境中生存。例如，你不能指望一种在沸腾的温泉中繁殖的微生物能在冰、酸、浓盐水、山顶、玄武岩内部或哺乳动物消化道的菌群中生存。

地球上的微生物极其丰富，每克土壤中含有数十亿种生物。与大多数通常仅存活几百万年的动物物种相比，微生物在一定程度上具有抵抗全球范围内灭绝的能力。微生物的生命非常坚韧，适应性极强，在地球历史上很早就形成了。与之形成鲜明对比的是，多细胞动物经历了大约 40 亿年的行星演化和生物演化才变得足够突出，留下了丰富、清晰的化石记录。化石记录中动物物种的戏剧性出现被称为寒武纪大爆发，大约发生在 5.3 亿年前。

太阳系的经验表明，虽然典型的恒星可能有一些行星或卫星可以孕育微生物形式的生命，但动物生存所需的更严苛的条件和稳定性在其他地方与在这里一样罕见。因为动物在我们这个环境友好的星球上花了数十亿年的时间来演化，所以很容易想象类似动物的复杂生物的发展会很缓慢，甚至在许多情况下，在其他星球上永远不会发生。即使是环境理想的行星，也可能永远无法实现从微生物到多细胞生物的转变。寒武纪大爆发发生在地球历史上很晚的时期，而且发生在不寻常的"雪球地球"事件之后。一些人猜测，这些奇异的冰冻事件可能启动了我们星球上动物的崛起。

在这个可能纯属偶然的事件之后，生命的绽放让人想起6 600万年前恐龙灭绝后哺乳动物的崛起。一些人认为，持续了近2亿年的爬行动物时代结束，打开了一个生态位，使哺乳动物得以繁衍生息。人们普遍认为，恐龙的灭绝是由一颗直径10千米的小行星偶然撞击墨西哥尤卡坦半岛造成的。撞击溅射出的尘埃云和硫化物进入大气层，飘浮到全球各地。我们可以看到，运气以随机事件的形式对动物的发展起着重要作用，一些行星肯定会比其他行星"幸运"。

此外，动物和许多植物需要特殊的生存条件，而且不像各种微生物那般强健，因此宇宙中的生命极不可能像是我们在科幻小说、电影和电视节目中所熟悉的外星人。最有可能的是，它们是上镜效果高度不佳的生物，而且用肉眼看不到它们的个体，我们观察到的只能是以薄膜或污泥呈现的集体形态。这样的生命形式在地球历史上一直占主导地位，因此很可能在其他有生命的行星上也占据主导地位。

微生物是我们星球上最早形成的生命形态，这些微小的生物也将是地球上最后消失的生命形态。地球的最长宜居期取决于太阳。未来某一天，太阳将变得足够明亮，足以烧干地球上的海洋，毁灭所有生命。最终，太阳会膨胀到吞噬地球的程度。地球的总寿命将略长于 100 亿年，微生物可能在这个时间跨度的大部分时间里存在。我们的海洋可能在不到 10 亿年后消失，也可能撑到更长的时间，具体取决于几个过程的进展，但不管怎样它们都会消失。地球上动植物的年龄可能仅限于地球生命的约 10%。从这个角度来看，在地球的一生中，动物是一种罕见现象。如果外星人在太阳预期的总寿命内 10 次来到太阳系，并造访每一颗行星，那么他们会发现，在所造访的行星中，只有 1% 的机会看到大于微观尺度的生物。按照这个应景的观点，只有 1% 的太阳系行星在被造访时正好有动物居住。

恒星周围存在行星很常见，但那些能够支持高级生命的行星肯定是罕见的，有多罕见则是一个悬而未决的问题。有 10% 的可能性，还是 1%，或是更少？如果宜居的行星太过罕见，那么我们可能找不到足够近的行星来详细研究。如果它们距离我们太远，我们可能永远无法了解它们，不知道它们是否包含向我们发送无线电信号的智慧生命。是否存在大量可居住的行星——更不用说有人居住的行星，这是新兴的天体生物学需要回答的重大问题之一。其中一个主要问题是，一颗类似地球的行星如何才能容纳与我们这里类似的生命？我们如何落入适宜居住的行星范围也完全未知。地球是其中最好的，还是中等的，抑或是最差的？地球上的碳含量是最优的，还是多一点儿或少一点儿更有利？此外，微生物的长期生存能力也是一个未知数。虽然地球上的植物或动物可能无法存活很长时间，但微生物可能存活到地球历史的晚期。

在地球上，除了水和碳，还有许多因素增强了高级生命的长期生存能力。一个明显的例子是地球的卫星——月球，与地球本身的大小相比，月球是一颗异常大的卫星。月球的引力有助于稳定地球的自转轴，从而在很长一段时间内保持温度季节性波动的相对稳定性。地球的这种稳定性与火星的情形形成鲜明对比。火星的自转轴急剧摆动，这使得太阳热量在火星表面的分布也跟着改变。火星有两颗卫星，但它们太小，无法稳定火星的自转轴。如果一个物种在火星的中纬度区域发展，并在其自转轴倾斜程度较小的季节适应了生存，那么当自转轴倾斜到较大的角度，导致剧烈的季节变化时，这个物种就将受到极大的挑战。当一颗行星的自转平面高度倾斜时，每个轨道周期内落在极地的太阳能要比落在赤道上的太阳能更多。不稳定的星球往往有较极端的长期气候变化，这会对生命构成骚扰，并导致无法适应变化的物种灭绝。地球的大卫星——月亮会引发地球上的潮汐，使潮汐期间水的涨落交替地润湿大气，并将有机物质暴露在大气中。虽然一颗稳定的大卫星的存在对于行星上生命的演化可能并不重要，但它无疑是一个积极因素，增强了地球的宜居性，降低了动植物物种的灭绝率。月球这颗相对较大的卫星，直径接近地球的1/3，被广泛认为是由于地球和火星大小的物体碰撞而形成的。

还有许多其他因素在促进地球上生命演化，以及动植物成功演化出来方面发挥了重要作用。这些因素包括地球与太阳的距离、土壤、水、有利于生命的大气环境、板块构造的存在，以及来自太空的大撞击率相对较低等。到太阳的距离有多重要，已经被我们的"邻居"的特性很好地证明了。金星离太阳太近，温度太高；火星离太阳太远，没有长期存在的海洋，其大气层太冷，地球上这样的动植物无法生存。地球到太阳的距离正好处在太阳周围的一个环形区域，在这个区域内，行星的表面温度允许地表水长期存在。这在金星上是不可能发生的，在火星上数十亿年来也没有发生过。这个带状区域被称为宜居带（HZ），许多恒星可能至少有一颗行星位于其宜居带内。

还有一个对我们星球上的生命非常有利的神秘因素，那就是地壳板块构造过程。它将海底的碳酸盐带到地底的足够深处，在那里分解并释放出二氧化碳气体，最终二氧化碳自行回到大气层——其中大部分是通过火山喷发实现的。第8章将详细描述这种由二氧化碳源驱动的碳酸盐–硅酸盐循环。这种循环在地球上已运行了数十亿年，但似乎没有发生在其他行星上。这一过程在有海洋的类地行星上可能很常见，也可能很罕见；目前我们没有证据。同样有可能的是，一颗没有板块构造的行星仍有能力通过与板块运动无关的火山作用来进行地质碳循环过程。碳酸盐–硅酸盐循环在地质时间尺度上进行，当地球趋于长期冷却时，这个循环起着恒温器的作用，可使地球保暖；当地球趋于变暖时，它导致地球冷却。这种负反馈作用有助于保持地球气候的相对稳定。气候稳定性对复杂生命具有重要价值，因为它可以降低物种的灭绝率。虽然灭绝事件可以促进生命的多样性，但如果发生得太频繁，就会减少这种多样性。例如，我们不妨想象一下，如果导致恐龙灭绝的小行星撞击每一万年发生一次，而不是预期的每一亿年发生一次，那将是什么景象？如果是这样，自上一次覆盖今西雅图、芝加哥和纽约的冰川融化以来，人类就已经灭绝了。

显然，地球是一个幸运的星球，因为许多因素在其发展出生命并支持生命延续的过程中发挥作用。在这方面，我们这颗星球与太阳系中所有其他天体截然不同，因为其他天体都无法支持我们所知的地表生命。原始生命在地球上出现后，地球经历了漫长的微生物时代，最终演化出动植物和大气中丰富的氧气。随着时间的推移，大量物种出现并进行演化，其中大多数现已灭绝。化石记录下的重大灭绝事件以及随后出现的新物种，为我们将地球历史划分为不同的地质时期提供了基础。如前所述，最著名的分期边界之一是 6 600 万年前，当时爬行动物时代宣告结束，哺乳动物成为地球上生物种群的主要参与者。我们的原始人类祖先是在最近的 300 万年或 400 万年才出现的。一旦智能的发展提供了改变环境的能力，整个世界就成为人类的生态家园。一些人认为我们的身体演化已基本停止，因为我们不必通过演化来适应不同的（甚至不友好的）环境。未来的自然生态压力是否会继续推动已经高度演化的人类物种继续演化，还有待观察。

试图了解生命的起源和演化过程，是最宏大也最困难的科学探索任务之一。在 20 世纪 50 年代，科学家开始进行实验，试图重现地球早期的状况。这些实验的起点是将水放入一个充满早期大气可能含有的气体的容器，然后施加能量以破坏其中的化学键。1953 年，美国科学家哈罗德·尤里和斯坦利·米勒率先进行这一实验，他们在一个装有"海洋"（水）的烧瓶中调制出含有甲烷、氨和氢气的原始大气。他们用水面上方的电极所产生的火花来模拟原始地球大气中的闪电放电。火花提供的能量破坏了化学键。一周后，米勒-尤里实验中的混合物变成黄色，最终变成深棕色。打开容器后，在这个实验中新产生的化学物质混合物有点儿食物的味道，与原始成分难闻的氨味形成鲜明对比。尤里和米勒分析了这种棕色"黏液"的成分，发现了大量的氨基酸。通过一个非常简单的装置，他们用简单的分子产生了一些生命的基本组分。后来，其他实验者表明，将实验所用物质暴露在紫外线下就会产生非常相似的结果。近 20 年后，人们在一颗降落在澳大利亚的富含碳的陨石中发现了地外非生物氨基酸（也称为非蛋白质氨基酸）。这些实验和现象表明，至少生命所需的某些基本重要分子可以在早期的地球或其他地方制造出来，并在地球上存在任何生命之前从太空中释放出来。

　　米勒-尤里合成实验所产生的氨基酸与生命体中所含氨基酸的不同之处在于，前者是外消旋化合物——也就是说，它们含有数量大致相等的左旋氨基酸和右旋氨基酸。与之相反，生命过程中产生和参与生命过程的 20 种氨基酸几乎完全是左旋的。分子的左旋或右旋性质被称为手性。如果一个物体或分子能够与其镜像区分出来，它就是有手性的，就像你的左脚很容易与右脚区分开来，因此不会穿错鞋一样。由于它们的形成和利用过程，生命是以手性分子为基础并需要手性分子的。（分子的手性是年轻的路易·巴斯德于1848年最先发现的。）

现在，事情变得有点儿棘手。无论如何，必须通过某种过程制造出正确的分子，而这种过程用于制造氨基酸、蛋白质、核苷、RNA及其他生命体中使用的分子。这就解释了为什么最初的生命形式是由核苷还是氨基酸（换种说法，RNA还是蛋白质）组成这个初始难题，现在的答案倾向于RNA，因为它们携带着自我复制的信息，而且我们现在已经知道RNA分子具有催化活性，能引发必要的化学反应。

所有制造复杂分子的复杂化学过程，都必须按照正确的顺序和方向进行测序。关于这种情况是如何发生的，人们提出了一些假说（例如，有人提出，正确的排列最初可能发生在石英或某种黏土等矿物的晶体结构），但实际机制仍是一个谜。我们正在努力提高对前生命化合物如何形成生命的理解。一种观点认为，关键事件可能发生在海底罕见的热水喷口或陆地温泉附近。这些特殊的环境可能通过非生物方式产生了许多类型的大分子，然后这些大分子自然地被包裹在细胞样膜中。这种膜内物质的集中导致了原始生命形式和代谢途径的演化。

弗雷德·霍伊尔再次加入。为了贬低生物起源于地球的想法，并支持他自己的稳态理论，他宣称，自地球形成以来，没有足够的时间从原子中构建生命，无论原子有多丰富。毕竟，核糖核酸分子由数百个原子组成；如果它们通过随机运动碰撞，即使是在原子运动无处不在的环境中，构建复杂的分子也需要很长时间，比地球的寿命还要长。

霍伊尔的错误在于，他认为只有随机的化学反应才会发生。这就像猴子在足够长的时间内可以用打字机随机敲出任何杰作一样。但在地球演化的过程中，宇宙知道该按下哪些键，以及创造终极杰作所需的所有时间。当第一批原始分子出现时，它们能够选择性地相互键合，产生更大、更复杂的分子。生命的发展可能涉及一系列事件，这些事件导致环境中复杂的有机分子聚集，从而加快生命所需的构建模块和化学系统的前生命演化过程中的关键步骤。

对地球来说，碳是为生命赋能的主要元素。如前所述，碳具有多种与其他原子结合的方式。在星际空间中探测到的绝大多数分子都含碳。然而，科学家和科幻小说家已经思考了其他地方的生命基于碳以外元素形成的可能性，卡尔·萨根敦促其他科学家不要成为"碳沙文主义者"，鼓励考虑其他地方在不依赖碳化学的情况下演化出生命系统的可能性。早在1891年，天文学家尤利乌斯·沙伊纳就提出硅可能是生命的基础。硅具有丰富的化学性质，具有许多成键的可能性。在有可能产生外星生命的元素中，硅位居榜首，但它似乎有一些严重的缺陷。

反对硅基生命的一个主要论点是，人们在太阳系中还没有发现它。尽管太阳系的众多行星、卫星、小行星、彗星甚至尘埃都富含硅，并且暴露在几乎所有可以想象的环境条件下，但尽管过了数十亿年，也还没有发展出硅基生命。碳在岩质天体中通常很罕见，不同的是，硅是太阳系所有含岩石天体的主要元素。尽管我们要记住萨根对碳沙文主义观点的警告，但与碳相比，硅似乎有许多明显的重大缺陷，至少在我们这些以碳基为母亲的孩子眼中是这样。硅在制造复杂分子方面不如碳灵活，而且已知的硅基分子范围比起碳分子几乎无限的范围要小得多。另一个经常被提到的区别是二氧化碳和二氧化硅的比较。我们可以吃进牛排和土豆，然后将二氧化碳呼到大气中，从而为植物吸收这种气体、生长和输出游离氧提供一种手段。碳之所以能这样循环，是因为二氧化碳是一种气体。然而，在像地球这样的星球上，二氧化硅不可能自然存在于气体中，除非温度高到足以使岩石变成气态。如果一种生物试图以吃石头为生，那么它们只能呼出气态石头或排泄石头。生物材料氧化程度的变化也是驱动生命化学机制的一个基本过程。与碳相反，硅只以完全氧化的状态存在于几乎所有的地球自然环境中，除了地球上非常不适宜居住的地核。

　　硅作为生命基础的另一个缺点是缺乏足够的溶剂。陆地生命严重依赖于水及其显著的特性，如溶解某些化合物、通过膜进行扩散以及移动物质的能力。事实证明，温度适宜的水正好适合碳基生命。水不仅提供了运输——一种将原料输入细胞并将废物排出的手段，它还是一种介质，使生命体的分子能够自我复制并控制生命最基本的功能。但在硅酸盐岩石中，除非它被融化，否则不会有短期的运动。与有机化合物相比，硅化合物不溶于类地行星表面附近可能存在的溶剂。岩石确实会通过风化或与高温高压的水接触而溶解，但这比我们所知的生命的快节奏要慢得多。

有人认为，也许存在某个截然不同的行星适合硅基生命。但在发现硅基生命之前（也许在某颗有氢氟酸或足以溶解岩石的高压水的行星上，会发现这种生命体），在大多数天体生物学家的思想中，硅基生命仍然不太可能存在，尽管随着我们更全面地探索太阳系中一些更奇异的地方，我们对生命的环境需求的看法会发生变化。一个可能孕育生命却与地球环境截然不同的地方是土星的神秘卫星土卫六，它的表面有液态碳氢化合物形成的湖。

所以，我们知道的唯一生命是碳基的。平均来看，在地质的时间尺度上，看不见的微生物一直是我们星球上生命的主要形式。微生物可能也是宇宙中最常见的生命形式，因为它们对环境的要求比多细胞生命简单得多。微生物先于地球上的植物和动物出现，它肯定形成得更快，更容易演化。我们在多细胞动物无法生存的地方发现了微生物。前面，我们提到过被称为嗜极微生物的生物。最著名的嗜极微生物可能是那些在地表热泉和深海喷口处发现的嗜极微生物。在炙热的海底喷口处，微小的嗜极微生物可以支撑起一个令人惊叹的生态系统，其中包括螃蟹和管状蠕虫，它们生活在喷口流出的超高温水周围较冷的水中。在深海中，这些生物不需要光或光合作用，尽管它们确实需要来自大气的氧气等成分。

嗜极微生物的存在使人们对寻找外星生命持乐观态度。一些嗜极微生物存在于地表以下，其环境一定与其他行星的地下环境相似。例如，火星和许多卫星的地下环境就与地球上的环境非常相似。当然，尽管我们还不知道碳基生命从发生到持续所需的一切条件，但我们知道它需要一种液体介质，使得分子能够在其中快速移动，以便与其他分子相遇；它需要食物和能源（就像附近的恒星一样的能源）。水作为一种液体介质是很合适的。来自内部的光和热可以作为能源，碳与氢、氮和氧共同构成了食物。太阳为地表的生命提供能量，但其他地方的生命，甚至地球上一些地下区域的生命，可能是由化学能源来提供能量的，比如玄武岩中铁的氧化所释放的热能。

地球上居住着各种各样的生命，因为它的大气已经保持了数十亿年的宜居条件。我们有一个有利的大气层，我们的行星位于太阳的宜居带内。所谓的宜居带是指一颗恒星周围的特定空间区域，在这个区域内，类地行星表面可以保留液体（图 4-3）。我们已经讨论了与太阳的距离在允许地球生命产生的必要化学和物理过程中有多重要。在宜居带的外侧，地表水可能会结冰；而在宜居带内侧，水可能会被蒸发到太空。宜居带的位置和范围既取决于恒星的类型，也取决于行星的轨道、年龄和大气成分（以及温室气体的加热效应）；还取决于宿主星的稳定性，以及该恒星是不是双星系统或多星系统的一部分。一颗非常热的恒星会在

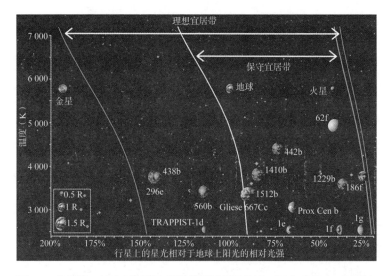

图 4-3 宜居带，即表层可能有海洋的行星所处位置。图中对较冷、质量较小的恒星和较热、质量较大的恒星分别做了保守和乐观的估计。那些看起来位于较冷恒星宜居带内的外行星被标记在金星、地球和火星下方的区域。这张图的横坐标是行星接收到的星光的相对强度，而不是与恒星的距离，纵坐标是绝对温度（K）

资料来源：Chester Harman; PHL at UPR Arecibo, NASA/JPL。

远离它的地方有一个宽阔的宜居带，而一颗较冷的恒星则在靠近它的地方有一个较窄的宜居带。如果行星距离呈对数分布，就像太阳系中的情形一样，那么一颗恒星的宜居带中可能有几颗行星。有些系统是紧密闭合的。TRAPPIST 1 系统有 7 颗与地球相似的行星，它们的轨道非常靠近一颗小质量恒星，其中有 3 颗行星似乎位于宜居带。所有 7 颗行星都挤在一个环形带内，环形带的宽度仅为地球轨道与火星轨道之间距离的 10%。因此，如果其中任何一颗行星上有生命，那么临近行星上可能也有生命，它们是非常亲密的邻居。

你可能认为，那些拥有最大宜居带的恒星系统最有可能存在生命。但还有另一个重要的考虑因素：恒星的预期寿命。拥有最大宜居带的恒星都是热星，它们燃烧得相对较快。质量最大、最热的恒星在爆炸成为超新星或消失在黑洞之前的寿命非常短。最热的恒星在不到100万年的时间内（用不了数十亿年）就成为超新星。即使存在任何原始生命形式，它们也不会有太多时间演化成更复杂的生物。考虑到地球上最早的原始生命形式花了大约10亿年的时间才形成这一事实，科学家通常将比太阳热得多的恒星排除在复杂生命的宿主星范围之外。

另一个因素是恒星的性质随着年龄的增长而变化。即使一颗行星现在处在宜居带之外或之内，它也可能不总是处于这种状态。当太阳内部的氢转化为氦时，它的光度在增加。如前所述，在太阳生命的大部分时间里，每10亿年它就会增亮约10%。在行星形成后的50亿年里，当太阳的亮度较低时，金星可以处于太阳的宜居带内，而火星可能自形成以来一直处于宜居带。这里使用"可以"和"可能"这两个词是因为该区域的内外边界无法准确预测或确定，类地行星在其一生中可能会经历一系列复杂的过程。如果我们能把地球移到离太阳远近不同的位置上，我们就能看到在10亿年的时间尺度上会发生什么。当太阳最终成为红巨星时，就连冥王星上也可能有液态水（至少在靠近其表面处是这样），而地球和火星则会被炙烤。所有原本处在宜居带内的行星的宿命都是如此，最终它们的恒星会变得过于明亮。

　　年轻的恒星情形又如何呢？新形成的恒星会经历这样一个阶段，它们比稳定下来成为正常恒星时要亮。这种"青春期"躁动主要发生在质量比太阳小的恒星上，这些恒星周围的年轻行星会在享受可能持续数十亿年的正常宜居带条件之前被预先烘焙。

　　我们的太阳似乎恰到好处：它的宜居带相当广阔；它的寿命很长；它很稳定，不像一些恒星那样发出很多耀斑或脉动。我们可以把太阳的情形想象成三只熊面对三碗粥：一碗太烫，一碗太凉，只有太阳这碗刚刚好。（尽管卡尔·萨根读到这一段，可能会立即指出这不一定正确，因为地球人通常从一个有偏见的、以太阳为中心的角度来看待这些物质。）相比之下，小质量星要比太阳冷，比太阳寿命更长——比银河系的年龄都长。质量最小的恒星几乎可以永存。冷星相当微弱，只有非常窄的宜居带，但仍然可以有多颗潜在的宜居行星。不过，这些恒星也有其他问题：它们发射的光集中在光谱的红色或红外波段，其光子的能量比可见光光子低，而且这些恒星有频繁发射高能耀斑的坏习惯。太阳也发生耀斑，而我们在地球上通常很难注意到。但如果我们生活在一颗围绕着冷星运转的行星上，那么这颗恒星的众多高能事件将威胁到生命。

　　让我们回到太阳系，考虑一下我们的行星邻居金星和火星上存在生命的可能性。从生物过程的角度看，这些行星一点儿也不像地球。一个太热，另一个太冷，还有其他不利因素。地球上没有一种已知的生物能够在这两颗星球的表面生存，更不用说快乐地生活了。

　　然而，早在19世纪末，小说家就写过关于金星上生命的故事。1895年，古斯塔夫斯·波普出版了一本关于士兵与恐龙作战的书。1918年，瑞典物理学家和化学家斯万特·阿伦尼乌斯（前文提到，他是胚种假说的倡导者）认为，覆盖地球的云层一定是由水蒸气组成的，它们支撑着树木并形成沼泽。从这儿开始，各路科幻作家，包括埃德加·赖斯·巴勒斯、奥拉夫·斯特普尔顿、罗伯特·海因莱因、亨利·库特纳和雷·布拉德伯里等人，讲述了各式各样的关于金星上生命的故事，有愉快的也有危险的。这些故事涉及人类前往金星；土著沼泽生物（通常对人类有危险）；天空中飞翔的如鸟类般的聪明生物，或是集合了以上所有内容。对金星上生命的描绘也出现在许多科幻黄金时代的电影中。

　　随后，现实给了人们重击。20世纪60年代的雷达和航天器观测显示，一颗非常热且倒着旋转的行星不可能维持生命存在。此外，裹着这颗行星的云不是由水组成的，而是主要由微观硫酸气溶胶组成的。其他一些次要气体也发挥着重要作用，例如：二氧化硫（SO_2）也存在于金星的云层中，它是高层大气对紫外辐射的吸收剂。由于二氧化硫吸收紫外辐射，因此它的作用与地球大气层中臭氧的作用非常相似。就全球变暖而言，金星受到双重打击：二氧化碳和二氧化硫都会锁住热量。俄罗斯和美国都派出过机器人航天器飞临，甚至降落在金星炽热的表面，并坚持了一段时间，最终被烧毁。降落在岩石表面的着陆器发现，金星上不存在维持生命的条件。金星表面平均温度为 464 摄氏度，"大气"压强是地球上的 100 倍。由穿透云层的雷达绘制的非常详细的地图显示，熔岩流覆盖着广阔地区，大的撞击坑蔚为壮观，高耸的火山此起彼伏。金星贫瘠的表面热得足以融化铅，难怪着陆器无法保存。

至于水的重要存在，我们没有任何关于金星早期历史的信息，但金星很可能在早期有与地球一样多的水。金星几乎由二氧化碳组成的稠密大气表明，它由大量的碳形成并保留下来；事实上，金星大气中的碳含量几乎是地球的 100 万倍。如果金星大气层中的碳在金星表面转化为固体碳，那么其厚度约为 1 000 米。如前所述，年轻的太阳比现在暗，金星最初可能有海洋，但最终消失在太空中。由于离太阳较近，金星上的阳光强度几乎是地球的两倍，这可能是金星现在成了一颗干燥行星的根本原因。

人们普遍认为，金星上有过一段温室效应主导的时期，在此期间，从太阳捕获的能量无法通过将能量辐射回太空来平衡。这种正反馈导致了失控事件，让金星上的温度升高，热到足以融化表面的岩石。金星上地狱般的温室历史可能是由水蒸气驱动的，这导致海洋因流体动力学逃逸（大气气体向外流入太空）而消失。海洋也可能因大气顶部水分子的光化学分解而消失，一些被释放的原子和分子的速度高到足以逃逸。

目前，金星表面的条件对液态水来说太热了，所以我们知道的生命不可能在那里存在。对地球上的生命很重要的有机分子在金星表面，甚至金星地表之下都不能生存。不过，有些科学家推测，在这些高温下，一些不同类型的化学物质可能会促进某种生命形式。有这样一种可能性：在金星的早期历史中，在其海洋蒸发和环境变得如此炎热之前，金星上确实出现过生命。这样的场景只是猜测，但未来探测金星的任务将是深入了解这颗行星在很大程度上不为人知的过去。

现在让我们来看看火星。不仅在科幻小说中，而且在现代科学中，人们一直猜测那里存在着生命。美国国家航空航天局（NASA）、中国和欧洲都花费数十亿美元，正在探索火星并寻找生命。基于地球观测的天文方法，观测火星的最佳时机是火星大冲：当地球位于太阳与火星之间，并且火星比平时更靠近地球时。这大约每两年发生一次。1877 年，许多天文学家利用这个观测条件对火星进行研究。当时阿萨夫·霍尔发现了火星的两颗小卫星，[3] 乔瓦尼·斯基亚帕雷利根据望远镜的视觉观测结果绘制了火星表面特征的草图。

其他人（而不是斯基亚帕雷利本人）将这些线性标记解释为长运河，它将水从结冰的两极输送到温暖的气候带，在那里可以种植作物，造福火星社会。火星上不仅存在文明，而且有过大规模的土地开垦项目，这一想法受到了许多人的喜爱。其中最引人注目的是美国银行家珀西瓦尔·洛厄尔，他是波士顿的一位贵族，对天文学有着持久的兴趣，并有财力倾泻自己对科学的热情。洛厄尔被火星文明的想法迷住了，他写了一本书并于1896年出版，书中描述了他对火星社会的愿景。在洛厄尔的想象中，火星人拥有农业经济，但他们的星球正在干涸；因此，火星人被迫修建运河，将水从极地冰盖输送到种植作物的温带地区。科学家指出，如果能从地球上看到这条运河，那么这条运河必然巨大（超过50英里宽），可洛厄尔一点儿也不气馁。后来，洛厄尔的"运河"主张被认定是错误的，这是由于人的眼睛和大脑倾向于连接被小空间分隔开的点。洛厄尔对火星生命的热情从未减弱，尽管他后来确实找到了另一个追求，那就是寻找第九颗行星。洛厄尔去世后不久，冥王星在洛厄尔天文台被发现。

20世纪初，当跨大陆无线电电报成为奇迹般的现实时，马可尼公司的操作员被告知要警惕来自火星和海上遥远船只的微弱信号。火星上有生命的想法所启发的众多科幻故事，甚至比金星相关的还多。从1912年埃德加·赖斯·巴勒斯的小说《火星公主》开始，火星上的生活就成为热门话题。在众多设想火星社会的作家中，有C. S. 刘易斯、雷·布拉德伯里、莱斯特·德尔·雷伊、莉·布拉克特、艾萨克·阿西莫夫、罗伯特·海因莱因和阿瑟·C. 克拉克，这里仅举其中最著名的几位。"小绿人"一词就来自埃德加·赖斯·巴勒斯的《火星公主》。时至今日，它已经演变成专指外来物种。火星社会的概念在1938年经历了一次惊人的更新（这次成了敌对社会），当时奥森·威尔斯根据H. G. 威尔斯早期（1898年）的同名小说制作了著名的《世界大战》广播节目。这篇模拟新闻报道讲述的是一艘航天飞船降落在美国新泽西州，火星人在乡村里横冲直撞，意图占领我们的星球并奴役我们的人民。该广播节目以一系列新闻报道的形式进行，许多听众没有注意到免责声明，信以为真。新泽西州和纽约州爆发了广泛的恐慌，后来人们才知道，这次"入侵"实为一部广播剧的情节。

直到20世纪60年代，人们对火星文明的普遍兴趣才消失。当时第一张火星的特写图像显示出火星是一个多么荒凉的地方。对火星上是否存在生命的更严肃的猜测，基于对火星表面颜色年度变化的观察，以及对火星反射光光谱中叶绿素（一种碳基分子）特征的假设检测（后来证明这是一种误认）。但是，在水手4号探测器发回的第一张图像显示出火星表面只有陨石坑和尘埃后，在火星上至少找到植物的希望也破灭了。很快，卡尔·萨根解释说，火星表面颜色的年度变化是由季节性风暴引起的，这种风暴会使火星表面的尘埃四处移动，导致亮区和暗区的分布发生变化。

1976年，两艘海盗号火星探测器向火星地面发送了复杂的仪器包，以寻找生命的证据。尽管此前曾向这颗红色星球派出过50次任务，但只有海盗号成功地完成了专注生命探测的任务。这两个着陆器非常成功，持续工作了好几年。两个海盗号火星探测器的成本高达数十亿美元（1976年价），这反映出火星作为寻找外星生命的目标地点被高度重视。[4]

海盗号着陆器有4台仪器进行土壤实验。其中一个实验特别令人们兴奋，因为它发现了火星土壤中生活着小生物的证据。一些泥土被铲起，装入一个盛"食物"的容器里。事实上，"食物"是一种含有 ^{14}C 的汤（ ^{14}C 是碳的放射性同位素）。过了一段时间，人们对容器中的气体进行分析，在气体中发现了 ^{14}C 。这意味着营养物质中的某些东西正在进食和排泄。不幸的是，这些东西并没有像生物体那样重复进食。最终，人们认定这个令人兴奋的发现背后是某种意想不到的化学反应。

当然，火星曾经有更好的条件来支持生命。古老的河道、三角洲和假定的古代海岸线都很明显，探测器已经观察到由水形成的矿物和地层。尽管火星表面显然没有动植物，但即使是现在，在潮湿温暖的环境中，火星表面之下也可能存在微生物群落。与地球的情况不同，如果火星生物存在，那么它们并没有让火星大气或表面产生容易被检测到的变化。

来自火星的陨石为火星上存在生命的可能性提供了一个有趣的见解。在地球上，人们已经找到了超过300块来自火星的岩石。它们在火星表面被炸开，并飞向地球。根据这些岩石的化学和矿物学成分，以及它们在某些情况下捕获后存于内部的火星大气的成分，它们被确定为火星陨石。大多数火星岩石在我们星球上最多产的陨石采集场——寒冷的南极洲和北非炎热的沙漠中就可以找到。最著名的火星陨石是南极洲的一颗名为Allan Hills 84001（简称ALH 84001）的陨石。它的形成年龄超过40亿年，这是最古老的火星陨石，其中留下了有机物和碳酸盐的痕迹。我们现在知道这些化合物存在于火星上，但在火星陨石被发现之前，这些化合物数量太少，不足以从轨道或着陆器中轻易地检测到。ALH 84001在早期就存在于火星上，当时火星的大气层密度更大，温度足够高，水可以在火星表面流动。1996年的一篇论文提出，这颗陨石不仅含有有机物质和碳酸盐，而且具有类似微观生物化石的特征，这引发了大量的戏剧性遐想和讨论。如果火星上曾经有微生物，那么很可能它们或它们的化石残骸搭上了数百万颗降落在我们星球表面的火星陨石的"便车"。虽然这种想法现在仍然很诱人，但普遍的共识是，目前还没有确凿的证据表明在任何来自火星的陨石中发现了微生物化石。

在火星上寻找生命仍然是NASA的首要研究任务。地外生命之所以重要，不仅仅是出于哲学上的理由，也有NASA资助的原因。想象一下，在火星上发现生命会给NASA带来什么？目前，NASA的毅力号火星探测器正在收集精心挑选的火星样本，这些样本将被送回地球，在实验室进行详细分析，这将提供高度敏感且适应性强的方法来寻找火星上现在或过去有生命的证据。自海盗号火星探测器以来，火星车、着陆器和轨道飞行器为了解火星历史提供了更先进的视角。尽管火星表面现在已经结冰，但很明显，火星在遥远的过去有允许水流动的表面条件。

火星是一个很好的例子，说明在一个可能存在、可能不存在或曾经存在微生物，但肯定不像地球上那样拥有生命的星球上找到生命的正面证据是多么困难。我们已经花费了数十亿美元，进行了半个世纪的努力，用航天器去探索位于太阳系"后院"的另一颗行星。它距离我们从没有超过 20 光分，而最近的恒星距离我们则超过 4 光年。银河系中的大多数恒星都在距我们 5 万光年以外。我们仍然不能确认火星上是否存在生命，但至少，通过第六号元素告诉我们的有关地球生命的事实，对这一问题进行研究，会让我们离答案越来越近。

第 5 章

银河系中的碳

我们已经看到了碳在太阳系内的分布,那么在太阳系外又是什么景象呢?毕竟,那是碳的来源。如第1章所述,星际碳是在恒星内部形成的,然后通过爆炸和星风分布在银河系周围。这是一个碳循环,但不是我们通常认为的循环:从大气到腐烂植物、火灾,再返回大气层。现在,我们来考察宇宙的碳循环:恒星产生碳,碳从恒星中排出变成星际碳,再返回恒星和行星中。

自从第一次用望远镜拍摄到猎户座(特别是"猎户座之剑")的图像以来,人们就知道星际空间的恒星之间存在气体和尘埃,那里有一片模糊的区域,由气体而不是由恒星组成,我们称之为星云。天文学家爱德华·埃默森·巴纳德使用威斯康星州叶凯士天文台的40英寸①望远镜拍摄了一系列夜空小区域的照

---

① 1英寸 = 2.54厘米。——编者注

片，并于 1919 年出版了一本精美照片集。在这张照片中，有一些黑暗的区域，一些东西挡住了背景星（图 5-1）。

图 5-1　黑暗的星际云"巴纳德 163"挡住了背景星

资料来源：T. A. Rector/University of Alaska Anchorage, H. Schweiker/WIYN and NOIRLab/NSF/AURA。

1930 年，天文学家罗伯特·特朗普勒证明，遥远的星团看起来比它们应有的亮度更暗。银河系中弥漫着一种尘埃介质，使恒星发出的光线变暗。换句话说，由于尘埃颗粒较小，恒星的亮度随距离的下降速度比按照正常的平方反比定律预期的要快。

恒星之间空间中的吸光尘埃（星际介质）是块状的，并不光滑连续。恒星附近有明亮的云层区域，其辐射会激发气体原子，直到它们发光。

因为这些粒子往往比长波长的光更有效地阻挡短波长的光，所以红光比蓝光更容易穿透星际介质。因此，遥远的恒星看起来不仅比其他情形下更暗，而且更红。尘埃使恒星看起来更暗的趋势被称为星际消光。这种随波长减小而增强的消光趋势在整个光谱中都会发生，在紫外波段消光非常严重，但在光谱的红外和射电波段消光效应则是最小的。因此，即使是中等密度的星际云内部，用紫外望远镜几乎也不可能观察到，但我们可以在红外和射电波长下看到最稠密的星际云的深处。哈勃空间望远镜的相机可以拍摄光学、近红外和紫外波段的图像，并获取光谱。[1]

星际空间中的大部分质量（约99%）是气体原子和分子的形式；另外1%是尘埃，即固体物质的微小颗粒。人们通过光谱分析，解析星际介质的谱线和谱带。气体会产生尖锐的光谱线，而尘埃有时会产生红外波段常见的广泛特征。星际碳有几种形式：从颗粒到分子，再到离子。

在一个横截面积为1平方厘米的圆柱体中，大约有10^{21}个氢原子。这个圆柱体从我们这儿延伸到100光年外的恒星；这时，圆柱体内的氢原子密度大约是每立方厘米10^{-23}克或每立方厘米几个原子。这些是最丰富的元素氢的原子数目。碳的丰度大约仅为氢的1/2 000。

星际空间的物理条件范围非常大。密度最大的星际云的密度大概为每立方厘米 $10^4 \sim 10^6$ 个粒子。将这个值与地球的大气密度（每立方厘米约 2×10^{19} 个粒子）进行比较，可以说星际空间实际上是空的——但这就是我们的来源。

太空并不真是空的，还有星际介质。由于我们无法近距离观察星际介质，我们不得不使用望远镜进行远距离观测。我们需要对整个光谱进行观测，包括 X 射线波段、紫外波段、可见光、红外波段、毫米波和波长更长的射电波段。由于碳在整个光谱范围都可发射和吸收辐射，因此通常需要用特殊类型的望远镜来获得不同波段的数据。可见光可以到达地球，但 X 射线、紫外线和红外光谱的某些部分则完全被大气阻挡。高山上的天文台缓解了其中一些问题，但并非全部。采用建在太空的天文台是一个好主意，即使是最大的太空望远镜，其直径也比正在地面上建造的新一代 30 米口径的望远镜小得多。

可见光、紫外辐射和红外辐射、毫米波和射电，甚至伽马射线都是电磁辐射，它们的不同之处仅在于波长和频率，以及所能传递的能量。关于伽马射线，我们就不多说了，因为它们只破坏星际空间中的碳分子。其他种类的辐射与太空中的碳的相互作用更为温和。

电磁辐射、波长、频率和能量可以用一个简单方程 $c = \lambda v$ 关联起来，其中 c 是光速，v 表示辐射的频率，λ 表示辐射的波长。较长的波长意味着较低的频率，反之亦然。因此：

波长＝光速除以频率

频率＝光速除以波长

出于实用考虑，可以认为电磁辐射是以所谓光子的波包方式传播的。频率为 v 的光子的能量为 hv，这个能量换用波长 λ 来表示，则写为 hc/λ；其中 h 被称为普朗克常数，是一个永远不变的值。注意，波长越短，能量越高。这解释了 X 射线和紫外线可能造成的损害，因为它们有足够高的能量来破坏化学键。

当原子中的电子向上跃迁到较高能级或向下跃迁到较低能级时，分别对应于光的吸收和发射。两者都存在于星际介质。每种元素都有自己的电子结构；因此，可以通过其光谱来识别它们。将光谱技术应用于星际云，我们就可以通过观察其光谱推导出星际云的成分。我们还可以知道星际云的温度。在冷云中，电子通常处于基态。当星光穿过云层时，一些电子通过吸收光线的能量而跃迁到更高的能态，这个过程会在光谱中形成吸收线。在热云中，更多的电子停留在激发态，当它们向下跃迁回到较低的能态时，就会在光谱上留下一条发射线。每种元素都有自己的波长模式，要么是吸收，要么是发射。因此，天文学家可以识别存在哪种元素，例如碳。

远离热星的星际介质云都非常冷，温度通常低于 50 K。密度较低的漫射云的密度为每立方厘米 1 000 个粒子，温度为50~150 K。星系空间的大部分体积充斥的是更稀薄的物质，密

度低至每立方厘米 10^{-4} 个粒子，气温高达 100 万 K，这是由超新星引起的。在银河系中，超新星爆发事件大约每 50~100 年发生一次。

星际介质的低密度允许碳原子在一段时间内不与其他原子或分子相遇。这段时间可以长达几百年，具体取决于局部密度。与行星大气中的碳原子总是以分子形态出现不同，单独的碳原子或离子[2]可以在星际介质中存活很长时间。只有在稠密的云中（你经常在照片中看到的云层），大部分碳才存在于分子中，主要是CO（表5-1）。

表 5-1　银河系星际介质的成分

成分	分数体积（％）	温度（K）	密度（每立方厘米粒子数）	氢的形态	碳的形态
分子云	＜1	10~20	$10^2 \sim 10^6$	分子	分子（CO）
冷中性介质（CNM）	1~5	50~100	20~50	中性原子	原子（C I），单电离碳（C II）
暖中性介质（WNM）	10~20	6 000~10 000	0.2~0.5	中性原子	单电离碳（C II）
暖电离介质（WIM）	20~50	8 000	0.2~0.5	电离	单电离碳和二次电离碳（C II和C III）
电离氢区（H II 区）	＜1	8 000	$10^2 \sim 10^4$	电离	单电离碳和二次电离碳（C II和C III）
冕区气体热电离介质（HIM）	30~70	$10^6 \sim 10^7$	$10^{-4} \sim 10^{-2}$	电离（金属亦高度电离）	冕区气体（C IV，C V）

注：分数体积显示的是在银盘中出现的体积的大致范围。

太阳处于一个空隙或"局部气泡"中，此处气体的温度约为 7 000 K，密度为每立方厘米 0.3 个原子。然而，星际介质有许多起伏。它的密度和温度变化产生出"剧烈的星际介质"，正如本书作者之一（西奥多·斯诺）在技术评论章节中所说的那样。

射电、紫外辐射、X 射线，甚至伽马射线等波段的观测揭示了速度高达每秒几百千米的高速云层，其温度高达 7 000 K。在这些云层之间，中间气体的温度高达数百万 K。碳是高度电离的，主要是 C III（二次电离碳）和 C IV（三次电离碳）。热量的来源是大质量恒星和超新星爆炸吹来的高速风。这些物质占据了银河系体积的 70%。

如果一颗热星嵌入星际云，其辐射通常会在周围形成电离氢的区域，即 H II 区域。这些区域由于发射氢原子而发出红光，氢原子是星际介质中最丰富的元素。天文学中的彩色照片，比如我们在日历上看到的照片，H II 区域通常显示红色。碳也有发射线，但与氢相比，它们很弱。

在恒星形成的过程中，随着星际云的收缩，星际介质会冷却，这使得更复杂的分子得以出现，尘埃颗粒也会生长。最终产物是恒星或双星和行星，如第 3 章所述。现在，我们来思考在此之前的过程，即当星际云聚拢在一起形成恒星时，尘埃和气体会起何种作用。

当天文学家观察一颗遥远的恒星时，他们会发现自己与恒星之间充斥着气体和尘埃。只有丰度较高的元素才会显现出来，因为丰度较低的元素无法吸收足够可被探测的光。星际介质元素在类太阳恒星中的分布基本一致，但可凝结的元素最终会变成尘埃，而易挥发的元素则会变成气体，我们稍后将对此进行描述。在漫射云中，通常有足够的紫外辐射将一个电子从其原子核的束缚中释放出来，从而产生单电离元素。大部分碳被一次电离成C II，但仍有一小部分是中性的碳原子。你可能会认为没有任何分子能够生活在如此恶劣的环境中——沐浴在紫外线下，但实际上仍有一些简单的分子能够生存下来。20 世纪 30 年代，人类发现的首批星际分子是CH、CN和CH⁺（电离的CH分子通过失去一个电子而获得正电荷）。到目前为止，最丰富的分子是氢（H_2），只能通过紫外望远镜观察到。H_2之后是CO，它同样具有紫外光谱。

那么，天文学家如何使用射电望远镜"看到"云层深处的分子呢？在云层深处，可见光和紫外波段的光通常不会逃逸。根据定义，暗云几乎没有星光通过，无法形成吸收光谱。不过，没关系，因为大多数元素以化合物的形式存在，分子具有丰富的射电频谱，用射电波段的辐射可以"看到"暗云。第一台天文射电望远镜是由无线电爱好者格罗特·雷伯于 1937 年建造的。随着第二次世界大战期间无线电和电子技术的巨大进步，战争结束后，射电天文学领域发生了巨大变化。1963 年，人们首次对星际分子进行射电观测，对象是一个简单的分子：CH（甲炔，如图 5–2 所示）。

图 5-2　甲炔分子的结构，这是人类用射电望远镜发现的第一个星际分子

在稠密黑暗的星际云中，人类已经发现了更复杂的分子，而且有越来越多种分子被频繁发现。更复杂的分子，即具有4~11个原子的分子，也在稠密的云层中被观察到。它们主要处在恒星形成区。这个分子家族随着新发现的品种不断出现而变得越来越大，目前有数百种分子。[3]

现在，我们可以看看星际介质剩下的 1%。根据光线穿过云层的方式推断，星际空间中有微小的、与气体混合在一起的尘埃颗粒。这种固体物质是在巨星临终时流出的物质中形成的。炽热的恒星外流被称为星风，其速度每秒高达数千千米。在更常见的冷巨星中，风速较慢，每秒只有几十千米。也许，我们应该称其为行星风。（但请注意，即使是这样的速度也远高于超声速飞机。）

星际尘埃的另一个重要来源是大质量恒星（超新星）爆炸时产生的碎片。当来自超新星的气体冷却时，原子和离子凝结，形成微小的颗粒。尘埃颗粒很小，大小从 1 微米（百万分之一米）到肉眼能看到的颗粒不等。颗粒的大小决定了可以穿过云层的光的波长。非常小的颗粒对紫外和切连科夫辐射的影响最大，而最大的颗粒除了发射红外和射电波段的辐射，作用不大。射电波穿过稠密云层中的尘埃，使天文学家能够"看到"分子的射电频谱。有两种不同的颗粒：较大的颗粒主要是硅酸盐、含氧/硅/镁/铁的矿物（比如辉石和橄榄石或非晶材料）；较小的颗粒由富含碳的物质构成，如石墨、无定形碳、碳化硅或多环芳烃等。[4]

对受尘埃影响的遥远恒星的观测是通过计算粒子的光谱来进行的，通过"消光曲线"（图5-3）进行评估，然后可以将其与不受尘埃衰减影响的类似恒星的光谱进行比较。测量所得的消

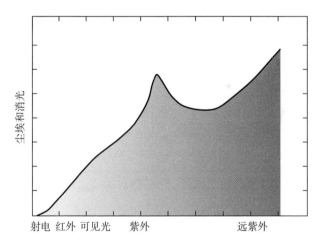

图5-3　星际消光曲线。它显示了难以从遥远的恒星穿过漫长路径到达观测处的光的波长。纵轴是对数刻度，表示有多少来自光源的通量被吸收了。横轴显示的是从射电到远紫外波段的波长。从射电到紫外波段，垂直尺度上单位距离的消光量约为2 000万。中间的峰值是波长为217.5纳米的紫外线特征峰，它是由星际有机分子（附着在尘埃颗粒或自由分子上）引起的

光曲线通常向上倾斜，紫外区域有明显的峰，远紫外区域有很高的抬升。红外到可见光区域的曲线是较大的硅酸盐尘埃颗粒的贡献，而凸起和抬升段是较小的碳颗粒的贡献。如前所述，较长的波很容易通过星际介质，而较短的波则会被阻止，这解释了遥远恒星的红化。高于一般曲线的显著紫外区域峰要归因于石墨或其近亲，因为晶格中的碳原子总是吸收特定波长的紫外线。石墨并不是唯一的候选者，其他形式的碳（如多环芳烃）也可以做到这一点。

如果可以，各种元素就会附着在尘埃颗粒上或成为尘埃颗粒的一部分，这一过程会导致它们从主要是氢和氦的气体中耗尽。例如，铁的损耗率约为99%，这意味着只有1%的铁会留在气态星际介质中。对于钙，损耗率为99.99%，即星际介质气体中几乎没有游离钙。碳的损耗率为1/3~1/2，这意味着星际介质中有足够的碳来形成复杂的气体分子，事实上确实如此。

有许多星际分子尚未得到确认。年轻的加州大学伯克利分校研究生玛丽·李·赫格尔在一份模糊的星际谱线表中发现了两个未被识别的特征峰，它们似乎是固定的，而不是与恒星一起移动。这两条相当模糊的谱线很难精确测量，她除了把它们列入清单，没有特别提到它们。1924年，她完成博士学业，从此再也没有回到这一研究领域。但她在论文中顺便提到了恒星光谱中的这几条固定谱线，这成为20世纪最重要的天文学奥秘之一，到了21世纪依然如此。

10 多年里，对于这篇发表在相对小众的期刊上的简短论文，没有人注意到隐藏在数字表中的两条谱线。但随后，另一位利克天文台/加州大学伯克利分校研究生保罗·梅里尔注意到了赫格尔的这份清单，并决定进行一些后续观察。梅里尔也一直在研究恒星光谱，但他更关注固定谱线。他发现了更多的神秘特征，并在 20 世纪 30 年代中期发表了一系列专门讨论它们的论文：他称之为未识别的弥漫星际带（DIB）。

到目前为止，天文学家已经发现了 600 多个神秘的弥漫星际带，大部分处于光谱的黄红色波段。我们不知道它们是由什么物质形成的，但我们知道有很多东西不可能形成它们。人们提出了许多假设，其中很多被推翻了。太空中的尘埃粒子、冻结的氧分子、处于特殊能量状态的氢分子和负离子——所有这些都已被天文学或物理学证据排除在外。化学家也加入了这场角逐，生物学家（或者至少是那些关注天体生物学这一新学科分支的人）也参与其中。

神秘的弥漫星际带这个问题已经具有更广泛的重要性，非解释某些未知光谱特征的专业挑战可比拟。现在，弥漫星际带的问题已经上升到宇宙级别的地位，可能会对生命本身的起源产生影响。为什么会这样？因为在每一次挑战中幸存下来的假说都涉及碳。弥漫星际带似乎告诉我们，复杂的含碳分子广泛分布在整个空间中。在 20 世纪 90 年代之前，弥漫星际带很少受到重视——在碳假说受关注之前这只是一件奇事而已。现在，人们意识到它们非常重要，无论它们是什么，因为星际介质中多达15%的碳被禁锢在这些分子中。

任何已知的分子，无论大小，都没有像弥漫星际带那样的光谱。这些分子可能很大，因为简单分子总是有简单的光谱，不像这 600 多个弥漫星际带的光谱。现在已知弥漫星际带存在于星际云的边缘，而不是密度更大的内部。来自热星的紫外辐射穿透稠密云外的星际介质，因此弥漫星际带的分子可能电离，失去了一个电子，从而更具反应性。

神秘的弥漫星际带可能由链状分子组成，其中碳原子排成一行。借助射电望远镜，人们已经在稠密黑暗的星际云中探测到了它们。但在弥漫星际带所在的漫射云中，人们只发现了 C_5 分子。当 C_7^+（C_7 的电离态）是弥漫星际带来源的观点提出时，人们感到有些兴奋。这是基于实验室和恒星间的弥漫星际带的匹配。但是，当其他观察者去检验这个假说时，他们发现这一匹配还不够好。

第 2 章所述的另一组分子，即多环芳烃，也是非常好的候选者（图 5-4）。问题是它们形状和大小各异。多少个六碳环可以连接在一起是没有限制的，多环芳烃分子可以拉伸和弯曲，形成各种形式的不同光谱。如果每种多环芳烃都产生自己的弥漫星际带，那么人们将不可能识别它们，或者至少需要很长时间。

在远红外谱中，有一对弥漫星际带与一个源有关：失去一个电子的电离形式的富勒烯（用符号 C_{60}^+ 表示）。第 2 章对富勒

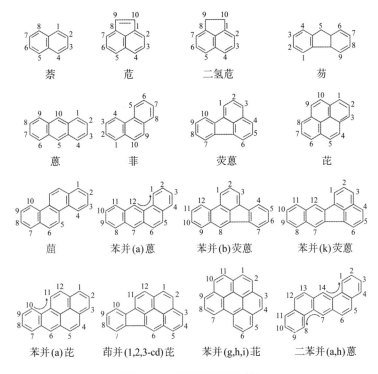

图 5-4　一些多环芳烃的结构

资料来源：美国国家环境保护局。

烯有过描述，它具有简单的光谱，这些谱线与数百个弥漫星际带
都不匹配。

因此，弥漫星际带的神秘性仍然是天文学中的首要问题。
最复杂的星际分子包含 4 个以上的原子，生活在最稠密的星际云
中，在那里原子和小分子可以相互碰撞并黏在一起。截至本书撰
写时，已确认的最大分子是富勒烯 C_{70}，它被认为是弥漫星际带
的可能来源。弥漫星际带是在稠密云的外面发现的，而不是在恒

星和行星形成的稠密云中。正如第 2 章所解释的，由于碳原子喜欢与其他原子结合，因此最丰富的星际分子含有碳。到本书写作的当下，除了 C_{60} 和 C_{70}，两种质量最大的星际分子是 $C_{10}H_7CN$（氰基萘）和 $HC_{11}N$（氰基癸五炔）。

我们已经讨论过星际空间中的碳，现在让我们来看看它在行星中的存在和作用。这里所说的行星不仅包含太阳系中的行星，也包含围绕其他恒星运行的系外行星。正如我们所看到的，所有行星都含有碳，它们的形成是星际云中的气体和尘埃构建恒星的自然结果。恒星的形成始于星际云的物质坍缩成一个盘（或称圆面），这个盘规定了行星可以围绕恒星生长的平面。位于盘中心的这颗恒星，被天文学家称为"原恒星"，哈勃空间望远镜已经观测到许多这样的原恒星。原恒星通常具有垂直于盘面的高温电离气体"喷流"。喷流和相关的盘风带有角动量，并让盘演化形成行星（图 5-5）。

当然，行星是银河系中最有趣的组成部分之一。恒星通常有多个行星，所以银河系的行星比恒星多得多。由于它们太小，围绕恒星运行的系外行星极难探测和研究。只有在技术和数据处理方面有革命性突破，才有可能研究数千颗系外行星。就在几十年前，有人怀疑我们是否能够研究系外行星，还有人怀疑其他恒星周围是否存在行星。

1584 年，与伽利略同时代的意大利哲学家焦尔达诺·布鲁诺提出，行星必然环绕其他恒星运行，尽管它们是不可观测的。

图 5–5　原恒星的渲染图。原恒星是一颗被气体和尘埃形成的盘包围，正在形成的恒星

资料来源：© Gemini Observatory/Lynette Cook/Science Photo Library。

他还提出了这些行星上有生命，它们类似于地球上的生命。天主教会没有正式接受这些假设，他于 1600 年在罗马被烧死（主要是出于其他原因，但他的天文学思想于事无补）。从 19 世纪末开始，有人提出根据可感知的恒星循环运动来对系外行星进行探测。这就好像有一个看不见的天体在围绕恒星运行一样。这些观点中最突出的当数彼得·范德坎普和他的同事，他们认为自己看到了巴纳德星的位置发生了微小的周期性变化。[5] 他们甚至推断出这颗看不见的行星的质量。但后来对相同数据的分析，以及不同天文学家和望远镜的观测，都只看到了统计噪声，没有看到周期性变化。这颗行星不存在。

"Draugr""Poltergeist""Phobetor"是1992年第一批观测到的系外行星的名称，它们围绕着一颗每秒旋转167次的城镇大小的中子星运行。这些脉冲星行星构成了一个非常不寻常的系统。这个系统可能是由两颗白矮星合并为一颗中子星而形成的。

1995年，瑞士天文学家米歇尔·马约尔和迪迪埃·奎洛兹发现了第一颗围绕正常恒星运行的系外行星，并因此于2019年获得诺贝尔物理学奖。他们观察到，恒星"飞马座51"的速度周期性变化，每4天每秒变化100多米。通过对其光谱线的多普勒频移测量可知，这颗恒星的速率发生了变化，因为这颗恒星实际上是围绕着它和一颗质量只有木星1/2的行星之间的共同质心运行的。杰夫·马西和保罗·巴特勒利用他们正在利克天文台进行的项目的数据，在几天内证实了这一发现。仅仅几周后，他们就宣布发现了围绕另外两颗恒星运行的行星。闸门打开了，通过这种多普勒频移的方法，人们发现了更多系外行星。

当一颗系外行星横穿过指向恒星的视线时，这会导致恒星的亮度略有下降。例如，如果地球从太阳前面穿过，那么对远处的观察者来说，太阳的亮度会在几个小时内下降0.01%。如果观测者远离太阳系，那么这种凌日现象每年都会重复。下降的程度是一种确定行星大小的方法（图5-6）。有时行星的质量和大气成分也可以由此推导出来。如果这颗行星有大气层，那么这种

"凌星"将提供一个探索其"大气"的机会。1999 年，人类首次成功探测到系外行星的凌星现象。凌星是令人信服的证据，证明通过观测速率法发现的系外行星实际上是真正的行星，而不是像一些人所说的由于星斑或其他恒星属性而产生的虚假信号。

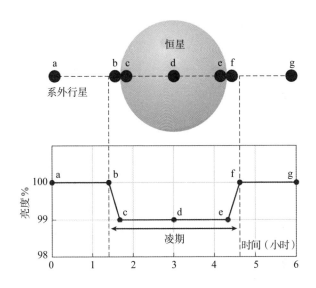

图 5-6　系外行星穿越恒星盘引起的恒星亮度变化
资料来源：© Institute of Physics and IOP Publishing。

当系外行星凌星，即在其恒星前方穿越并阻挡部分星光时，产生的光谱既包含恒星的特征，也包含行星大气层的微弱特征。凌星观测的一个目标是探测系外类地行星大气层中的氧气或甲烷。这很困难，但并非不可能实现。在光谱的红外部分，有水蒸气、氧气、臭氧和甲烷的几个光谱带。在地球上，陆地上方大气中氧气的主要来源是植物，而海洋上方大气中氧气的来源则是浮游植物。如果在一颗系外行星的大气中检测到氧气，那将说明它可能像地球一样存在生命的迹象。在系外类地行星的大气中寻找这种生物信号，是2021年年底投入太空的直径6.5米的詹姆斯·韦伯太空望远镜的主要目标。一个极有可能由生命产生的伟大的生物信号是非生物过程不易产生的。典型例子是失去化学平衡的大气，例如一个同时含有游离氧和甲烷的大气层。地球的大气是氮、水蒸气和氧气的混合物，这种大气肯定不是非生物化学过程的产物。

甲烷可能是一种生命的迹象，而且它实际上是在一颗系外行星的大气中被探测到的。但这颗行星像木星，而且离它的恒星很近，正如我们所知，这是一个对生命不利的环境。非生物性的甲烷存在于太阳系的所有巨行星中，以及冥王星和土星的一颗卫星上。

人们已经发射了两个航天器，以寻找和分析在其他恒星前面凌星的系外行星。它们都取得了惊人的成功。开普勒号飞船最初4年里只监测一小块天空，后来又花了3年的时间监测其他区域。第一批被发现的系外行星靠近它们的恒星，因为它们的轨道周期很短，从恒星前方经过的概率更高。这些系外行星中有许多的轨道周期只有几天，而不是几个月或几年。运用多普勒方法发现的第一颗系外行星轨道运行周期仅4.2天，其轨道半径仅为地球到太阳距离的5%。

凌星系外行星勘测卫星（TESS）紧随开普勒号之后升空。

TESS调查了大部分天空，其专长是研究比开普勒号监测到的恒星更靠近太阳的明亮恒星。TESS已经发现了2 000多颗候选的系外行星。截至2023年年中，用所有方法测得的系外行星总数已达5 500颗（图5-7）。

冰巨星
类天王星或类海王星

超级地球行星
质量比地球大，
亮度比海王星高

气态巨行星
类木星或类土星

岩质类地行星
岩质，尺寸类
地球

图 5-7　除了按各种类型的轨道分类，系外行星至少可分为4类：气态巨行星，如类木星行星；冰巨星，如海王星；岩质类地行星；超级地球行星。最后一类不同于太阳系中的任何行星，质量介于地球和海王星之间

资料来源：美国国家航空航天局。

　　许多恒星被发现有两颗或两颗以上的行星，有些处在宜居带内。最常见的行星是"超级地球行星"。这是一种出人意料的行星类型，其质量比地球大一些，在太阳系中没有发现过。一些比地球稍大的系外行星有延伸的氢大气层。这一出人意料的发现表明，类地行星的大气中通常含有氢，至少在它们年轻时的有限

时间内是这样。这一现象对类地行星的早期大气的研究，甚至对其地幔中氢形成水的可能的化学过程都有着有趣的影响。

对系外行星的研究表明，自然界产生了数量惊人的行星。其中许多与我们太阳系中的不同，它们也有一系列的演化史。它们除了物理性质迥异，还存在椭圆轨道、近距轨道、远距轨道甚至逆行轨道，这与我们对其他行星系统的预期大相径庭。随着新望远镜能够更好地研究类地固态行星，我们可能会有更多的惊喜。例如，围绕富碳恒星（那些碳含量高于氧含量的恒星）形成的行星可能与太阳系的行星截然不同。这些恒星周围的岩质行星内部可能有碳化硅、石墨和钻石等奇异的矿物混合物。

系外行星研究取得的一个惊人发现是，我们现在知道了 F_p 的值。F_p 是指拥有行星的恒星占全部恒星总数的比例。F_p 是德雷克方程的 7 个因子之一，我们将这些因子相乘后，可以估算银河系中活跃的、具有交流能力的外星文明的数量。1961 年，射电天文学家弗兰克·德雷克首次提出了这个方程。F_p 可以取 0~1 范围内的任何值。接近零的值对于寻找外星文明的无线电信号将产生毁灭性的影响，因为零乘任何其他数字都是零。人类观测到的系外行星的丰度证明 F_p 接近 1。它并不是寻找外星人的障碍，无论这些外星人是基于碳还是基于其他物质，它们都可能向我们发送穿越太空深渊的无线电信号，甚至光学信号。

第 6 章

碳有什么用处？

我们已经讨论了银河系中碳的许多方面，现在我们来更深入地讨论碳本身。这个元素在我们的生活中有什么用呢？这么说吧，首先，如果没有它，我们不可能在这里。"我们就是有 10 亿年历史的碳"，这句话确实是非常正确的。我们是由第六号元素组成的，我们生活在其中，我们被它包围着，我们吃它，我们的呼气中有它，我们用它来思考……这份清单可以无穷尽地列下去。碳在几乎所有产品中都是必不可少的，从你开的车到你睡觉的床，从油画到现代人所依赖的智能手机的屏幕，无不如此。在本章中，我们将选择性地讨论这种神奇元素的几种用途。

化石燃料

我们所用的化石燃料是在遥远的过去制造的。大部分煤炭是由石炭纪生长的植物形成的，而石油和天然气沉积则主要是由生活在新生代和中生代的海洋生物形成的。也许，我们对碳的主要用途的认识还停留在产生各种形式和用途的能源。燃烧碳所产生的能量为我们的大多数汽车、飞机和船只提供了动力，为我们的房屋供暖，让我们能够烹饪食物，并帮助制造支撑人类食物供应所需的肥料。它还被用于制作我们的衣服和房子，存储我们的电子信息。生产所有这些能源还会导致全球变暖。目前碳基能源仍然主导着世界能源格局，数千年来一直如此。

表6–1　2020年美国能源总产量的分布

石油	35%
天然气	34%
煤炭	10%
可再生能源	12%
核能	9%

资料来源：美国能源信息署。
注：可再生能源包括生物质能、水电、地热能、风能和太阳能。

　　石油在现代世界的发展中发挥着关键作用。1857年，埃德温·德雷克定居在美国宾夕法尼亚州西部的小镇泰特斯维尔。他听说有人看到附近农场的地里渗出油来，但油在水坑里，没有用。几千年前，人们就知道石油的好处。尽管那时汽车还没有被发明出来，但石油润滑了工业革命时期的发动机和各种机器的所有运动部件，从马车车轮到机车无一例外。石油还因被用于煤油灯而备受追捧，煤油灯是当时的主要照明来源。德雷克当即试图找到一种提取石油的方法。

德雷克和纽约银行家乔治·比塞尔一起，将用于开采盐矿的钻探技术转用到石油钻探中。1859 年，在经历了几个令人沮丧的干井后，两人终于找到了多到具有开采成本效益的石油。紧接着，开采石油的热潮开始了，油井在该地区遍地开花。当时，世界上大约 1/2 的石油产量都集中在宾夕法尼亚州西部。

多年后，得克萨斯州、加利福尼亚州、俄克拉何马州和其他地方都有了巨大的新发现，美国的石油业务从未有过如此辉煌。被命名为"纺锤顶"的第一个重大发现在得克萨斯州，它使宾夕法尼亚州的所有石油产量相形见绌（图 6-1）。这口自喷井的发现堪称传奇。该石油源头所在的地区原本是一个盐丘，因此得名。经过几年的开采和不时地投入资金，到 1901 年，一个小组在大约 1 140 英尺①深处发现了石油。此处自喷井的油喷高度达到 150 英尺，产生了前所未有的巨大石油流。

短短几个月内，石油工业重心就从宾夕法尼亚州转移到得克萨斯州。自然地，犯罪分子也进来了，就像发现任何有价值的资源后的情形一样。这伙人在合法注册的油井旁边通过挖斜井来偷油。得克萨斯州游骑兵不得不出面解决问题。与此同时，在世界的其他地方也发现了石油，包括中东、加拿大、巴西、哈萨克斯坦、俄罗斯、挪威、东非和拥有巨大储量的墨西哥。

---

① 1 英尺 ≈ 0.305 米。——编者注

图 6-1　1901 年，这口"纺锤顶"自喷井日产原油 10 万桶，开创了现代石油工业

资料来源：John Trost。

在世界上各处海底靠近大陆边缘的地方还有更多的石油，但海底石油的开采不但困难而且成本高昂，有时还会带来巨大的灾难。著名的石油灾难就包括 1979 年墨西哥湾艾克托克 1 号漏油事件、

1989 年埃克森·瓦尔迪兹号油轮漏油事故和 2010 年墨西哥湾漏油事故等。[1]

我们对汽油日益高效的利用，以及混合动力汽车和电动汽车的引入，减少了人类对石油的依赖，但总体来看减少得并不多。最终的解决方案是必须采用可持续能源，因为化石燃料终将耗尽，在不久的将来将被禁止开采或变得过于昂贵而无法普遍使用。但目前来看，随着世界人口不断膨胀，对化石燃料的需求仍然惊人。不断攀升的开采成本迫使人们运用新的开采方法（如水力压裂技术），来扩展从大量天然气和油页岩矿床中回收石油和天然气的能力。所有这些努力都具有广泛的经济和环境影响。

另一种能源是煤。我们只需想象一下，如果不能获得来自煤炭的大量能源，现代世界将会是什么样子，就可知煤有多么重要。煤是 3 亿多年前石炭纪时期自然送给我们的礼物（图 6-2）。我们星球上大多数独特的可燃性岩石宝藏，都是地球历史上的那段时期生成的。当时，广袤的湿地被沉积物掩埋和覆盖，它们的有机质没有腐烂，而是变成了煤。具有讽刺意味的是，我们的大部分煤炭都是在同一段历史时期生成的，当时二氧化碳的浓度变化很大，从远高于现在的水平变到远低于现在的水平——当时的低水平被认为是植物快速生长并被埋葬的结果。二氧化碳浓度的大幅度下降可能导致地球进入冰期，甚至更糟。

煤炭的无数好处与长期以来的已知问题密不可分，这些问题包括空气污染和掘地采煤本身。煤矿给地球表面留下疤痕，产

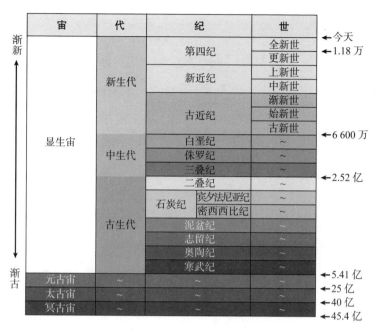

图 6-2 地质时期

资料来源：Image by Jonathan R. Hendricks for the Earth@Home project。

生危险的废物，并造成致命的事故（图 6-3）。煤是一种 100% 的天然有机产品，燃烧时会排放出众所周知有害健康的气体和颗粒物。当然，它还会产生大量的温室气体二氧化碳，比燃烧天然气所产生的二氧化碳要多得多。用煤发电产生的二氧化碳排放量是天然气的两倍。目前，煤炭开采也比天然气或石油行业释放出更多的强效温室气体甲烷。人们已经清醒地认识到，煤炭是已知最丰富的化石燃料供应，可用于为子孙后代提供动力。

煤分为几个等级，从低级的较软、近褐色褐煤到高级的非

图 6-3　澳大利亚煤矿

资料来源：EMBER/Sandbag Climate Campaign。

常坚硬的黑色无烟煤。通常，发电站使用的煤是烟煤，硬度居中。直到大约 50 年前，仅比褐煤品级高的次烟煤在美国的博尔德附近地区得到开采。这种级别的煤非常易燃，适宜在冬天室外温度较低的情形下用火车运输。如今，火车运送的还有一种更稳定的烟煤，主要来自落基山脉西部。

　　开采地面煤田有两种通用的方法：露天采矿和地下采矿。地下矿井开采是最常见的（在美国占总数的 60%），也是最危险的。支撑矿井顶板的煤柱会坍塌，开采时逸出的气体会毒害矿工。[2] 另一种臭名昭著的煤矿危险是尘肺病。由于环境问题，预计全球煤炭开采量将在几个世纪的增长后开始大幅下降。但有些人认为，运用碳封存处理技术可以防止上述情况的发生，并在未来很长一段时间内保持煤炭开采的活跃。在碳捕获与封存（CCS）方面有一种提议，将煤燃烧产物注入地下深层储层（如高压咸水含水层）。从技术上讲，这是完全可以做到的，本质上是一种采矿过程的反向做法，尽管它会消耗很大一部分燃煤产生的能量。煤炭仍将被开采、燃烧以产生能量，所产生的二氧化碳将通过长期的地质封存来与大气隔离。

美国拥有已知最大的可采煤炭储量，其次是俄罗斯和澳大利亚。在天然气的已知储量方面，排名前几位分别是俄罗斯、伊朗、卡塔尔和美国。天然气用作燃料必须先去除污染物（如较重的含碳分子杂质）。天然气被认为是最清洁的化石燃料，但除了产生温室气体，它还有其他缺点。这种易燃气体会引发火灾、爆炸和窒息，尽管这种情况很少发生。就能源而言，它被认为是安全的，除非发生地震或其他破坏天然气管道的事件。

化石燃料都会产生进入大气的温室气体。这一副作用正在促使人们推动能源利用向绿色能源转型，理想情况下这意味着没有碳燃烧。尽管可供使用的水电、地热、太阳能和风力发电等新能源正越来越多，但在相当长的一段时间内，我们仍无法摆脱对化石燃料能源的依赖。但用于燃烧的黑色岩系、石油和天然气的供应终将耗尽，可持续能源将是我们唯一的选择。能源转型（超越化石燃料的演变）正在发生，由此带来的经济、技术和社会问题构成了我们这个时代的重大挑战之一。想想从木柴到煤炭、石油、天然气，最后到拦江大坝、太阳能电池、风力涡轮机或核反应堆的能源演变过程，不免觉得很有意思：这里除了核能，其他所有能量形式都来自太阳。

化石能源的一个替代方案是核能。在世界各地，大约 10% 的电力来自核反应堆。法国电力的 70% 以上来自裂变反应堆；中国目前约为 5%，但计划到 2035 年建造 150 座新的动力反应堆。一些国家（包括澳大利亚）则没有核能。美国是世界上最大的核能生产国，在过去 30 年里，核反应堆为美国人提供了近 20% 的电力。

核能有其优势：巨大的能源供应；理想情况下，不存在对空气或水资源的污染（或是污染不太多）；不需要过多采矿来获取铀，甚至随着增殖反应堆的使用，这种情况还会减少。虽然核能被一些人视为绿色能源，但 1986 年切尔诺贝利核事故和 2011 年福岛第一核电站事故等灾难清楚地表明，核能存在环境风险，而我们对这些风险的了解并不充分，能力上存在不确定性。日本福岛第一核电站事故发生后，德国开始了一项逐步淘汰核能、恢复使用煤炭的计划。德国 2022 年确立的目标是：到 2035 年，可再生能源占其总能源的 100%。但这一转变的影响仍在讨论中，2022 年俄乌冲突和全球变暖的多方面因素使局势变得复杂。

人们逐渐意识到，比之矿井和油井，核反应堆的好处更大一些，这就像生活中的许多事情一样需要权衡。一方面，放射性废物需要处理（其放射性可以持续数千年），还有可能被恐怖分子用来制造炸弹；另一方面，核能避免了大规模采矿或钻探带来的危险，并大大减少了排放到大气中的碳。

解决这些问题的最佳方法可能是采用聚变反应堆。聚变反应堆的原理是利用氢原子核彼此结合来产生能量，而不是分裂重原子核。恒星做到了，为什么我们不能？如果聚变反应堆变得实用，这将是我们从长期依赖碳能源向从海洋获取燃料的一次重大转变。聚变反应堆以氢为燃料，而海洋中蕴藏着极为丰富的水。理想情况下，聚变反应堆不会产生废物，而且我们有取之不尽用之不竭的燃料供应。但首先要解决一个问题：如何让两个氢原子核靠得足够近以便发生聚变。两个氢核都带有相互排斥的正电荷。要让它们非常紧密地聚在一起，需要极高的温度。在恒星中，支撑外层重量不使其向内坍缩所需的向外的压强是通过足够高的核心温度来实现的（核心温度高到足以引发聚变反应）。因此，我们必须创造出一种环境来模拟恒星内部的条件，这很困难，不过困难也要做。全世界已经设立了几个项目来开发聚变反应堆，但成本高昂和技术困难导致进展缓慢。在过去的半个世纪里，聚变研究的突破一直是我们面前的胡萝卜，虽遥不可及，但总是给人以希望（总是说再有10年时间就可行了）。正如科米蛙常说的那样："变绿并不容易。"

光

我们生活在一个被阳光照亮的旋转星球上，但有一半的生命都在地球的黑暗侧度过。照亮黑暗的技术是人类的一项重大发明，就像生火一样，它将我们与所有其他脊椎动物区分开来。考古证据表明，早在一万多年前，人类就制造了油灯，他们燃烧动物的脂肪、橄榄油或坚果油。从18世纪到19世纪中期，世界上大部分地区首选的灯油是通过用大金属罐加热鲸脂获得的。随着捕鲸活动的减少，照明用油转向煤油，这是一种来自石油或加热煤炭得到的油的精炼碳氢化合物。美国内战后，煤油灯被广泛用于照亮房屋、火车、船只和其他人们聚集的地方。在剧院、企业和城市街道等商业应用中，人们用天然气或大型设施生产的气体（这些设施通过燃煤生产煤气）制作煤气灯以供使用。第一辆汽车的车灯使用的是由碳化钙和水混合产生的乙炔（C_2H_2）气体。

1880年，照明开始发生根本性变化，托马斯·爱迪生和他的工人开发了一种革命性的电灯。这种电灯在用坏前可以发光1 200多个小时（按照每晚3个小时计算，可以使用一年）。第一盏实用的电灯使用了一种由日本生产的特殊竹子制成的灯丝。加热时，灯丝碳化，几乎变成纯碳。在被钨丝取代之前，这种竹丝已经被使用了1/4个世纪。钨丝可以发出更白、更持久的光。现在，在使用了碳基照明数千年之后，全世界正在转用发光二极管（LED）来照明。这种用半导体材料制作的灯效率更高、寿命更长。发光的半导体结不含碳，但许多LED结构中都含有聚碳酸酯塑料。未来的LED灯可能会利用新形式的碳。例如，有一种只有 10 纳米大小的材料叫作碳点, 具有不同寻常的发光特性, 人们正在探索将其用于 LED 灯。

运输

工业革命改变了与运输有关的一切。在 19 世纪中叶之前, 交通运输依赖于风、蒸汽和动物。目前, 大多数运输方式则是由大量的碳基化合物提供燃料的。汽油、喷气燃料和煤炭为我们的大多数汽车、卡车、飞机和船只提供了动力。没有碳, 我们很难到达某个地方。

碳的能量对运输固然至关重要, 但富含碳的化合物在机械润滑中的作用则往往未被重视。石油和其他湿滑的、富含碳的流体, 使人类能够制造必要的运动部件。战车、厢式货车、蒸汽机车、内燃机、齿轮箱和涡轮机之所以能使用, 正是因为有碳基薄膜润滑剂在其中起着作用。

汽车的发明使碳的革命性发展成为可能。1885 年, 卡尔·本茨发明了第一辆不用马拉的大车。这辆车有一个简单的发动机、一个气缸、三个轮子和一套用于将汽油发动机的能量输送到轮子上的传动链条。在早期的一次公开展示中, 本茨虽竭尽全力, 还是撞上了岩壁——因为转向机构是一个没法精细控制的舵柄。尽管遭遇了挫折, 但本茨还是卖出了他的汽车, 在一年内 (1899年) 卖出了 500 多辆。

起初，本茨（及其助手）一辆接一辆地制造汽车。1902年，兰塞姆·奥兹提出了生产线的概念。后来，亨利·福特改进和扩展了这一概念，并将其应用到福特汽车和卡车的生产线上（图6-4）。1913年，自动装配线将生产一辆T型车的时间从半天缩

图6-4　早期的奔驰汽车和1925年产的福特T型车。

短到 1.5 个小时。福特建造了巨大的工厂，在那里，进来的是铁矿石和煤炭等原材料，出去的便是成品汽车。因此，汽车变得足够便宜，普通人很容易买到。所有这些都依赖于碳。汽车和发动机由渗碳的强化钢制成，用汽油驱动，润滑靠机油，滚动的是碳基轮胎，连涂装用的都是亨利·福特生产的著名黑色碳基油漆。仅在美国，为方便汽车行驶铺就了超过 200 万英里的富碳沥青路面。

福特在很多方面都是创新者。他不仅推进了生产线的概念，还发现汽车的零部件不必在自己的工厂里制造，而是可以通过多渠道购买。以这种方式制造的 T 型车称霸运输市场长达 20 年。

现在，全世界每年制造近 1 亿辆汽车，而且这项技术还在迅速发展。过去，汽车中唯一的电子设备是收音机和灯，但现代汽车充满了计算机芯片。这些芯片控制着发动机，给我们指路，踩刹车，用雷达探测附近的汽车，在即将发生碰撞时发出警告，启动安全气囊，并在发动机出现问题或轮胎压力降低时告诉我们。通常，电动汽车有重量在 1 000~2 000 磅的电池组，除了给电动机供电，它还为车内几乎所有东西供电。许多人认为，家用车很快就会实现完全"自动驾驶"，司机可以"忽略"道路状况，愿意的话还可以打个盹儿。有人想象，未来理想世界中的所有汽车都可能完全是机器人出租车，将人和货物运送到他们想去的任何地方。早在 20 世纪 50 年代，人们就想象出飞行汽车，有些甚至被制造出来了，但现在看来，人们所期待的乔治·杰特森[1]时代不太可能成为现实。

钢铁

碳的一个不可忽视的用途是制造钢铁。钢铁生产始于大约4 000 年前的铁器时代初期。早在还没有任何科学方法被用来扩展技术之前，工匠们就已经开始生产钢铁了。关于如何利用金属材料来制造最好的最终产品，有大量的神话和民间传说。它们表明，用钢铁来制造剑、刀和坚固工具的技术随着时间的推移而进步。

钢是一种金属铁的合金，其中掺有少量的碳和其他元素。这些掺杂可以显著提高合金的强度和物理性能。铁作为元素周期表中的第 26 号元素，是一种用途极为广泛的材料。它被用在建筑、桥梁、铁轨、船舶、螺栓中，以及用于制造那些必须坚固耐用，有时甚至非常锋利的东西。从铁矿石（氧化铁）中提取金属铁需要消耗大量的能量，这些能量通常是通过燃烧化石燃料获得的，而且冶炼铁的过程需要碳与铁矿石发生化学反应。从铁矿石分子中提取单个铁原子，需要不止一个碳原子参与这种化学反应：铁矿石中原本与铁结合的氧与碳反应生成一氧化碳或二氧化

---

[1] 乔治·杰特森是动画片《杰特森一家》的主角，那是一个充满奇妙、精细的机器人装置的未来世界。——编者注

碳气体，这些气体逃逸后便留下金属铁。最初的铁是用木炭冶炼的，但工业生产优质铁需要通过燃烧煤炭获得的高温和能量输出。通常，这是通过使用热处理后的煤来实现的，这些煤被转化为一种更纯净形式的碳——焦炭。世界各地发现的大量煤炭推动了钢铁在工业革命中的惊人使用。

在我们从洞穴生活上升到现代世界的过程中，钢的强度、耐用性和成形性发挥了关键作用。要把金属铁变成钢，你需要添加适量的碳。要炼成钢，需要在铁中加入 0.2%~2% 的碳。如果铁中的碳含量较少（小于 0.2%），这种铁就叫熟铁，如今用于装饰，如用于围栏、标志和灯柱。如果铁中的碳含量在 2%~4%，它就会变成铸铁，虽然很脆，但具有许多有价值的特性，可以铸造成模具。自从 2 000 多年前在中国发明以来，铸铁就被广泛使用。

水泥

世界上大部分近地表的碳并不是包含在化石燃料、大气或生物体中，而是被锁在碳酸盐中。这类岩石对我们来说非常重要，因为它被用来制造水泥。自罗马时代以来，水泥就是一种宝贵的建筑材料。如果将石灰石（碳酸钙）加热到 1 400 摄氏度以上，那么此时碳已被排出，主要留下的是白色的石灰（氧化钙）。石灰与其他材料混合形成水泥。水泥与沙子、岩石和水混合后，形成混凝土，这就是现代世界的基础。在未来 10 年内，人类制造的混凝土的累积质量将超过我们星球上的生物量。如果没有钢筋加固的混凝土，我们的世界将完全不同。混凝土和铁，虽然在很大程度上被人们熟视无睹，却是使现代生活成为可能的神奇材料。它们结合在一起是因为混凝土梁和柱的内部必须有钢筋，才能提供现代建筑所需的抵抗地震应力的强度。生产水泥带来的二氧化碳排放约占世界总排放量的 5%。大约有 1/2 的温室气体来自燃烧用于加热石灰石的化石燃料，另外 1/2 来自碳酸钙向氧化钙的化学转化。除此之外，还需要额外的能量来混合这些重型材料并将其运输到安装现场。

塑料

塑料有很多不同的形式，从易碎的（如塑料刀叉）到非常柔软的（如橡皮筋）。"塑料"是指众多基于碳氢化合物的、不同形式的、可延展或坚硬的材料。这些材料的硬度取决于聚合物之间的分子键，所谓聚合物就是指那些重复结构组成的链。有些塑料能在温度变化下保持不变，而另一些（热塑性塑料）则可以随着温度的改变而改变形状，并被加工成不同的形状。

纤维素是一种天然的碳基物质，是纤维素塑料的基础。1838年，法国化学家安塞姆·佩恩首次从植物中分离出纤维素。纤维素是一种坚硬且难以消化的物质，被用于造纸和制衣，高纤维饮食中当然更是富含纤维素。[3]

冶金学家亚历山大·帕克斯于 1856 年创造了第一种人造塑料，用作象牙的替代品，特别是台球中的象牙制品。这种物质最初被命名为"Parkesine"，于 1862 年在伦敦国际博览会上展出。但这个名称没用多久就废弃了。

1907 年，莱奥·贝克兰发明了一种合成塑料并获得了专利，他将自己的发明命名为"Bakelite"（贝克莱特酚醛树脂，俗称"胶木"）。现在，这种材料已不怎么广泛使用了，但在 20 世纪，这种甲醛树脂塑料曾得到广泛使用，例如被用作电绝缘体、真空管插座和无轨电车上的电线绝缘座等。含有真空管的旧电子产品总有一股"电气味"，通常就是由于胶木的存在。如果你把头伸进一架第二次世界大战时期的老式轰炸机的驾驶舱，虽然经过半个世纪的风干，但你仍然可以从它的胶木中闻到明显的甲醛味。所有的真空电子管通电后，灯丝发光发热，被烤热的胶木就会散发出强烈的"热的电子器件"的特征气味，这是一个过去时代的气味（图 6-5）。

塑料有许多用途都是众所周知的，列一份清单的话可能长达数页。几乎每个人都使用食品袋、水杯和拉链（以及拉链袋）。想想玩具行业吧！如果没有塑料，你的童年将大不相同，也就不会有一次性尿布、吸管杯或奶嘴。现在，你到处都能看到塑料制品——衣服、电视、盘子和眼镜、杯子、房屋外墙、汽车保险杠、碳纤维飞机等。

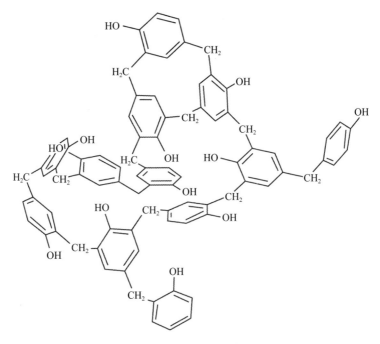

图 6-5　胶木的分子结构

资料来源：ChemSketch 8.0 via Wikimedia Commons。

　　塑料使电影成为可能。为数十亿人带来音乐和图像的唱片、录音带、录像带、CD（紧凑型光盘）和 DVD（多用途数字光盘）等也是用塑料制成的。许多用于音乐、电影、软件和数据备份的存储介质都曾是磁盘形式的。随着我们越来越深入数字时代，信息被存储在云端，或者至少存储在服务器上，早先那些塑料磁盘注定会被丢弃和遗忘，就像人们丢弃之前的 IBM 打孔卡一样。

　　但是，像琥珀这样由树液形成的塑料，是数百万年前在地球上自然形成的。塑料也可能出现在其他天体上。NASA就曾宣布在土星的巨型卫星土卫六的大气层中发现了丙烯。聚合的丙烯被称为聚丙烯，是一种广泛制造的塑料，用于制作容器（可以通过器物底部的回收代码"5"来识别）。

胶带

如果没有这样或那样的胶带，我们的生活将比现在混乱。最初的胶带是由布或纸做的，但今天的许多胶带都是由塑料制成的。胶带的发明发生在古代，早在它被用来包裹木乃伊之前就有了，但其发展过程中的重大进展则发生在20世纪20年代。这要归功于3M公司，它是一家生产砂纸的公司。这种新胶带被用在给汽车喷漆的过程中，以防止不同颜色的油漆混合在一起，它被称为遮蔽胶带。后来，在第二次世界大战期间出现了"鸭子胶带"（Duck tape，防水胶带），因为它能够像鸭子一样分水。对于它的发明，似乎有两方都声称拥有发明权。第一个是3M公司的工程师理查德·德鲁，第二个是第二次世界大战期间强生公司的子公司，该公司用它来防止湿气进入弹药箱。这两项发明似乎是相互独立地做出的。后来，"强力胶带"（duct tape，管道胶带）一词被用于推广，这种胶带是密封通风管道接头的一种手段。强力胶带经过特殊处理后具有更好的性能，如耐热性。

透明胶带也称为苏格兰胶带，是由前述的理查德·德鲁于

1930 年发明的。这种玻璃纸胶带可以透光，用在任何类型的撕破的纸上都非常方便，从书页到美元纸币。随后，生产便利贴的公司推出了一种胶带，它可以粘在任何东西上，但又可以很容易地取下。

任何类型的胶带都含有碳。即便是金属胶带，也需要一种聚合物（由重复的分子单元构成的长链）作为黏合剂。聚合物由碳原子骨架构成，通过共价键连接在一起。特氟龙（现代炊具的制作材料之一）就是由碳基分子构成的。特氟龙是一种具有众多独特性能的塑料，其历史比大多数人知道的都要长，其学名叫聚四氟乙烯（PTFE）。像许多化工产品一样，特氟龙也是偶然被发现的。1938 年，一家名为动力化学品的公司（后来并入杜邦公司）的化学家罗伊·普伦基特用化学冷却剂做实验时，偶然发现了聚四氟乙烯这种物质。1945 年，他以特氟龙这个名字命名了这种材料。[4] 与此同时，普伦基特重新开始研究冷却剂，如氟利昂和汽油添加剂，以及其他含碳化合物冷却剂。1973 年，普伦基特入选塑料名人堂。

与普通塑料具有光滑表面的特性相反，有一种塑料具有非常高的黏性，那就是 Velcro（商标名，俗称维可牢尼龙搭扣或魔术贴），它是由尼龙纤维制成的，也是碳基的。它的发明年代也比大多数人认为的要早：1941 年。那一年，瑞士发明家乔治·德梅斯特拉尔注意到，他家狗的毛上粘有带毛刺的东西。他觉得这个东西很有用。魔术贴有两面，一面带钩子，另一面是锁扣。当双方相遇时，钩子嵌入锁扣的"海洋"中，因此很难将两个表面撕开。与粘在狗毛上的毛刺相比，合成纤维具有很大的优势，因为它们可以反复使用。

我们都知道这种魔术贴，因为它无处不在。事实证明，它的许多用途都非常重要，比如帐篷、皮带、鞋子、背包、公文包、地板上的地毯、墙面上的窗帘附件、尿布等。NASA将魔术贴用在任何地方：在失重状态下，物体往往会飘浮，而魔术贴是一种简单的应对方法。也许你能用魔术贴上玩的最有趣的事是"魔术贴跳跃"。如果你穿上一件一面带有魔术贴的夹克，那么当你向覆盖着魔术贴另一面的墙跳过去时，你就会粘在墙上。

从防冻液到鸡尾酒

我们可以用碳来加热，比如用火、气体加热器和熔炉。我们也可以用碳来冷却，例如汽车散热器所用的冷却剂。防冻剂，又名乙二醇（$C_2H_6O_2$），可以降低冰点并提高沸点，因此添加了防冻剂的水能够比纯水在更宽的温度范围内保持液态。

爱喝酒的人喜欢C_2H_5OH，也就是众所周知的酒精。它的正式名称是乙醇，但在聚会上谁会在乎这些分子式呢？你可以找到各种关于酒精的书，甚至是整个书架的书，所以我们对有关酒的知识就不多说了。不过，你可能不知道（如果你不是天文学家）酒精也存在于太空、星际云和彗星中。尽管恒星之间的空间几乎是真空的，但空间太大了。一份备受尊敬的期刊上有一篇学术论文报告，它声称一团星际云中大约有 10^{28} 个酒精分子。

橡胶

下面，让我们看看碳的更实际的用途。橡胶和塑料一样，几乎无处不在。这种奇特的物质之所以得名，是因为它可以擦去纸上的铅笔痕迹。除了橡胶球、狗骨头和其他玩具，橡胶也存在于轮胎、食品容器、铅笔橡皮擦、廉价枕头、发动机和冰箱门垫圈，以及发动机皮带等物体中。O型橡胶圈用于制造从淋浴水阀到火箭发动机等设备的防漏密封部件。

早在公元前 1600 年，橡胶就被发现了。当时在南美洲，它被用来制作游戏用的和宗教仪式用的球，以及将斧头上的刀片固定在斧柄上的捆绑物。18 世纪中期，在法国探险家从巴西带回具有神奇特性的橡胶样品之后，这种材料开始引起欧洲人的注意。由此，欧洲殖民者在东印度群岛建立起橡胶种植园，这使巴西失去了不断发展工业的机会。天然橡胶和乳胶一样，是从橡胶树上提取的，就像枫糖浆是从枫树上获取的一样。

未经处理的橡胶用处不大，因为它在冷却后会变脆，而在热的时候则会变得黏稠。早期美国的橡胶制靴行业因为这些缺陷而陷入困境。这时，查尔斯·古德伊尔出场了。他在听说了橡胶这种材料后，买了一个由橡胶制成的救生圈。他认为，如果能找到一种在任何温度下保持橡胶特性的方法，那么它会有很多其他用途。他发现，如果将硝酸溶液混入橡胶中就可以"固化"橡胶，使其在低温下仍保持弹性。于是，他开始四处寻找资金支持。在经过几次失败后，他终于获得了一份制造橡胶邮袋的合同。

但是，古德伊尔的邮袋公司失败了，因为这些邮袋只有外表面能耐热、耐寒，在恶劣天气里，袋子会撕裂。但古德伊尔没有放弃，一直在努力，最终找到了解决问题的方法。在向橡胶添加不同添加剂的实验中，他不小心把橡胶和硫的混合物掉到热炉子上。结果，这种混合物在很宽的温度范围内都能保持其形状。这个过程被称为硫化，现在大多数橡胶产品都是经过硫化的。于是，一家以古德伊尔的名字命名的轮胎公司成立了，其产品就是著名的固特异轮胎。

轮胎让世界运转起来，但橡胶轮胎是由什么制成的呢？当然，它们是由合成橡胶制成的，其中也用聚酯塑料、钢甚至碳制成的绳索进行大幅加固。橡胶轮胎还含有一种不太明显但十分关键的成分，被称为炭黑。这些微小的纯炭黑烟雾状颗粒约占轮胎重量的 1/4，它们在使轮胎耐用方面发挥着重要作用。这也是轮胎呈黑色的原因。

第二次世界大战耗尽了天然橡胶的供应，于是用原油制成的合成橡胶取代了天然橡胶。目前，合成橡胶占据了约 75% 的市场份额。在战争期间，寻找天然橡胶替代品的过程衍生出一种不同寻常且非常有趣的碳产品，被称为Silly Putty（橡皮泥）。它非比寻常的行为包括弹跳、伸展、滴落，以及印出周日报纸上的漫画。它由碳、硅和硼制成，习惯上做成塑料蛋来储存和运输。我们可以说，没有碳就不会有橡皮泥。

测定年代的历史

碳给我们的伟大礼物之一是它为我们提供了一种准确确定数千年，甚至数万年前所发生事件年代的手段，从而为探索文明诞生以来的人类历史提供了一条途径。这种奇妙的性质不是来自正常的碳，而是来自碳的罕见放射性同位素 ^{14}C，或称碳-14，它的原子核比碳的丰度最高的同位素 ^{12}C 的核多出两个中子。生长中的植物所含的碳主要由同位素 ^{12}C 和 ^{13}C 组成，大约有万亿分之一的原子是 ^{14}C。^{14}C 是在大气层的平流层中产生的，其半衰期为 5 730 年。1940 年在加利福尼亚大学伯克利分校，首次人工制造出这种同位素并证明其存在；后来，通过分析巴尔的摩污水系统，人们首次发现了自然界中存在的 ^{14}C。

^{14}C 是受从太空进入大气层的宇宙射线轰击而产生的。宇宙射线产生自由中子，将氮转化为 ^{14}C，其中n代表中子，^{1}H代表质子（氢原子核）。

$$n + {}^{14}N \rightarrow {}^{14}C + {}^{1}H$$

^{14}C形成后，与氧结合形成二氧化碳。这种二氧化碳被植物摄入，这些植物被动物吃掉后，^{14}C进入动物体内。即使是像狮子这样的纯肉食动物也会消耗^{14}C，因为它们的食物链中包括素食动物。在植物或以植物为食的动物死亡后，外界的碳停止进入它们体内，只剩下体内的^{14}C在衰变。^{14}C的这一特性使人们想到，可以利用其长半衰期来测定古老物体的年代。1946年，芝加哥大学的威拉德·利比将^{14}C开发成一种被证实可用于测年的工具。这一证明是通过对已知年龄的物体（比如古埃及的陵墓和树木的年轮）进行年代测定来完成的，其中还考虑到与太阳活动、核弹试验的污染和海洋混合等有关因素的影响。这种极为稀有的同位素在考古学领域掀起了一场革命，并为解释最近的地质过程提供了见解。它还与科学史发生了有趣的联系：对原子弹试验中排放到大气中的^{14}C的科学研究，不仅促进了人们对大气中的二氧化碳循环进入海洋这一过程的理解，而且提供了燃烧化石燃料将成为问题的早期证据。1945—1963年间，原子弹试验中的核反应使大气中^{14}C的浓度几乎翻了一番，而这个"炸弹尖峰"用了60年时间才被海洋吸收，大气中^{14}C的浓度得以恢复到原来的水平。

放射性碳定年有一项非常重要的应用，那就是对2021年在美国新墨西哥州白沙国家公园发现的沉积物地层中人类足印"化石"进行测定。对足印层上方和下方的种子进行的年代测定表明，这些足印形成于2.1万~2.3万年前。这一戏剧性的发现证明，在被广泛认可的克洛维斯人来到北美并留下壮观的石头点阵之前的大约一万年或更长的时间里，美洲就有人居住。由于分析方法上有了数量级上的改进，人们已能够将含碳种子的定年范围拉长到 ^{14}C 的半衰期的 4 倍。最初的碳定年工作使用了相当精细的方法来测量样品的实际放射性衰变率。但是，哪怕只探测样本中 1/2 的 ^{14}C 原子的衰变，也需要等上 5 000 年才能实现。这显然是不现实的。目前的做法是采用特殊的质谱仪，在 ^{14}C 原子衰变之前就对其进行实际的计数。这些大型机器被称为加速器质谱仪，因为碳原子在机器中被加速到高能状态，从而提供了一种测量嵌入大量其他原子中的微量单个 ^{14}C 原子的方法。这种方法具有极高的灵敏度，以及测量小样本和非常老的样本年龄的能力。

^{14}C 的另一项令人印象深刻的应用是，它提供了地球上未被人类注意或记录下的古代地磁暴的记录。最著名的地磁暴事件是 1859 年的卡林顿事件。当时，很多业余天文学家都观察到太阳上出现了一个巨大的耀斑，不到一天的时间，来自太阳的高速带电粒子便到达地球，产生了耀眼的极光和奇怪的磁效应。这些带电粒子还在电报线路中感应出电流，扰乱通信，引发线路火花，甚至引发火灾。有人估计，如果今天发生类似的事件，可能会对通信网络、电网和卫星通信造成广泛破坏。1989 年，一次较小的太阳耀斑引发了一场地磁暴，导致加拿大魁北克大片地区的电力中断。

2012 年，日本物理学家三宅芙沙发现，她可以通过测量非常古老的日本雪松年轮中的 ^{14}C 来探测更古老、更大的辐射事件。她发现，公元 774 年的一次事件导致 ^{14}C 丰度比前一年增加了 1.2%。根据同位素记录，公元 774 年的这次事件是近 11 000 年来最大的一次，它在地球的每平方厘米表面产生了超过 1 亿个放射性碳–14 原子。这一事件还产生了氯和铍的放射性同位素，这些同位素存在于公元 774 年降雪形成的冰芯中。树木年轮中记录的这些重大事件大约每千年发生一次，它们都被称为三宅事件。其他三宅事件分别发生在公元 993 年、公元前 660 年、公元前 5259 年、公元前 5410 年和公元前 7176 年。在现代世界，这种来自太空的高能粒子轰击事件让我们深感担忧，因为大多数人都依赖可靠的电力，以及随时在各处传输高质量数字信息的能力。三宅事件确实发生过，但有些事件与太阳耀斑产生的风暴不同，它们的起源仍然很神秘。

神奇的纤维

高尔夫球杆、网球拍、自行车、帆船、假肢、曲棍球棒、皮划艇、钓鱼竿、赛车和太空望远镜有一个共同点：它们的基本性能都依赖于石墨–环氧树脂复合材料或石墨与其他聚合物混合所形成的材料。它们都由石墨纤维增强的聚合物制成，这种材料类似于玻璃纤维，只是用碳纤维代替了玻璃纤维。碳纤维是通过在无氧环境中加热塑料纤维，使得除碳以外的其他原子都被赶走而生成的，也就是说塑料被碳化。当你在炉子上烧饭时，因为烧得太久，锅里的食物烧煳后发生的就是这种情况。这些碳纤维非常细，通常不到人类头发直径的10%。1克重的单根碳纤维有10千米长。按重量计，石墨-环氧树脂复合材料的强度比钢或其他任何东西都要坚固。除了坚固和轻便，它还具有其他一些有趣的特性（例如强度的方向性），并且可以用不寻常的方式制造。航天器的有些部件就是用碳纤维片制成的，这些碳纤维片浸有未固化的环氧树脂材料，可以用剪刀简单地切割后放在烤箱中固化。将碳纤维复合材料加工成高科技航天器部件的地方，有时看起来更像"米莉阿姨的拼布俱乐部"，而不是一个将大块铝锭制成复杂零件的传统机器车间。

以高尔夫球杆为例。其材质从山核桃木演变成钢质，现在又演变成碳纤维增强环氧树脂复合材料。同样的材质演变也发生在网球拍。愤怒的运动员可以折断网球拍或高尔夫球杆，但至少在高尔夫比赛中，把不好使的球杆扔到最近的池塘里会更容易一些。波音787梦想客机是第一架广泛使用碳纤维的商用飞机，机重虽超过20吨，但较之前减轻了20%。它的一些巨大的部件是在精心制作的旋转夹具上制成的，纤维或纤维带被缠绕在模板上，然后烘焙以固化其环氧黏合剂。

碳纤维增强环氧树脂复合材料还被用于竞赛用自行车的车架，因为它坚固而且非常轻。这种材料用于造船时也具有最优异的性能：制成的船体速度更快，而且适用于任何船只，从独木舟到帆赛艇。现在，参加美洲杯比赛的每艘帆船都采用碳纤维增强环氧树脂复合船体。

如果应用于汽车会怎么样？碳纤维增强环氧树脂复合材料比传统的造车材料更轻，也更结实。虽然兰博基尼和其他一些豪华汽车确实使用碳纤维部件，但目前大多数汽车都未使用这种复合材料，因为碳纤维相当昂贵。随着碳纤维的广泛使用，它的成本会降低，这种材料会越来越多地被纳入标准汽车用材。

除了纤维，其他形式的碳肯定也将在未来发挥着重要作用。人们非常看好巴基球，这种由 60 个碳原子构成的微小足球形分子在润滑油、太阳能电池、储氢，以及许多医学用途（如运输抗肿瘤药物和抗过敏药物）等方面具有巨大的应用潜力。碳纳米管分子形似卷成的鸡笼，也引起了人们的极大兴趣。这些极微小的管道分子直径只有几个原子宽。单壁碳纳米管是已知的最坚固、最坚硬的材料。

写作和印刷

你可能没有想过，第六号元素还有在浅色背景上制作深色标记这样的低技术含量用途。铅笔、墨水、复印机和打印机都是用碳在白纸上做深色标记。

人类在数万年前就开始利用碳的这种特性，他们用烟灰、烧焦的棍子和烧焦的骨头在洞穴壁和洞顶的浅色岩石上画画。这种黑色元素在创造可持久保存的艺术作品和传递信息方面的作用，深刻影响了我们作为智慧物种的演化，并催生了如今的人类文明。在过去几千年里，我们对人类历史的几乎所有了解都因为有墨水书写的记录而为人所知。所有记录下来的历史，从洞穴绘画到狄更斯、乔叟、达尔文、麦哲伦、伽利略、达·芬奇、居里、牛顿、莎士比亚、凡尔纳、海明威、塞林格、贝多芬、莫扎特、毕加索、柴可夫斯基和爱因斯坦，都是用碳"记录"的。碳基墨水无疑是历史上最伟大的创新之一，因为它提供了一种有效的方式，将信息、艺术、沉思结果、学说和重要文件传递到世界各地，并传给子孙后代。

所谓印度墨水（墨汁）实则是中国发明的，距今已有 4 000 多年的历史。它由悬浮在水中的非常细的碳颗粒和黏合剂混成。墨水中碳的早期来源是烟黑，即火焰产生的烟灰。墨水的发明是一项巨大的技术进步，其意义超过蜂蜡、黏土板和画在石头上的图案。随着印刷机的发明，碳基墨水将文字传播到世界各地，最终惠及数十亿人。

在数字时代到来之前，人们在学校通过阅读纸上的黑色墨水印记和用纸上的碳标记回答问题，来学习大部分知识。现在，打字机已经消失，但直到 1980 年，钢制打字机的锤子连续敲击布质色带，将沾有墨水的形状分明的字母印入纸张，这个过程发出的声音在我们这颗星球上可谓无处不在。20 世纪中叶，企业、政府、报纸、学校、医院和军队都离不开打字机。打字机和其他设备中所使用的墨水看起来像是烟灰，但实际上是一种由非常微小的碳颗粒簇形成的惊人材料。这种碳颗粒簇是由碳原子构成的六边形环组成的。芳香烃这种碳分子形式对所有颜色的光都有很强的吸收作用。纯碳是黑色的，比白纸黑得多，几乎比其他任何东西都黑。在白色背景下的对比效果非常强烈，即使是一层非常薄的微小碳颗粒所留下的黑色痕迹，也可以持续几个世纪。实际上，用于喷墨打印的现代墨水是一种纳米材料；其碳颗粒簇中最小的颗粒直径约为 10 纳米，仅为人类头发丝直径的万分之一。

虽然像墨水这样简单的发明肯定改变了世界，但就像另一项辉煌的发明（电灯泡）一样，它的重要性正在减弱，它将不再是过去那样重要的交流媒介。不论是墨水还是白炽灯泡，都已被发光半导体所取代。书籍、印刷品和图书馆曾是人类文明的支柱，但随着我们深入数字时代，情况正在迅速变化。未来的人们可能不会有实体图书馆，最终他们会认为，纸质书是遥远过去的古雅遗迹。带有墨迹文字的纸质书无法进行电子搜索，它们不包含电子链接、高分辨率图像或视频，也不包含未来搜索引擎巧妙地向我们投放的广告。几千年后，墨水可能仍然会存在，但在人们的阅读中，墨水的使用比例会越来越低。然而，尽管随着数字革命的推进，墨水的使用可能很快就会被搁置一边，但碳本身不会被抛弃。它存在于电视、笔记本电脑、手机、手表和汽车上使用的电子显示器等部件中，这一事实已经充分证明了它在信息时代的重要性。诸如纳米管之类的奇异形式的碳，有可能在未来的电子设备中广泛使用。

当然，未来其他形式的碳产品也会被创造出来。其中有些产品有用，有些产品可能没用。在第 2 章中讨论的石墨烯是已被发现有着重要应用的另一种碳单质。石墨烯的潜在用途包括超导体、集成电路、非常小的晶体管、太阳能电池、各种波长的光传感器、数码相机，以及癌症和新冠病毒检测等。石墨烯及其"近亲"石墨炔的一个令人兴奋的应用领域是海水淡化，即从海水制造纯净水的过程。目前，石墨炔还不能工业化生产；它只是理论上的，但它的潜在用途可能会激励人们努力制造它。石墨炔有双键和三键，它的结构在某种程度上是一种设计材料，可能会被改变后用以生产重要的新电子元件。

在本章中，我们讨论了多种形式的碳，以及它们对人类生活的影响。在下一章中，我们将重点介绍第六号元素的一种奇异、罕见和壮观的形式。

第7章

钻 石

作为宝石，钻石在历史上一直备受珍视。数千年来，人们一直在追求和改进关于寻找、切割和销售这些闪闪发光的碳晶体的门道。最近，钻石在医学和技术方面的应用只会进一步增加其价值，增强它在我们生活中的存在感。在本章中，我们重点论述碳的这种非常独特的存在形式。它美观、耐用、有用，有时令人反感，但总是备受追捧。

有可靠的资料表明，钻石的开采可以追溯到 6 000 年前。最早的钻石被称为"特殊的石头"，是在印度西海岸冲积的洼地里意外发现的。公元前 59 年的一篇梵文对钻石的特性做出令人钦佩的罗列：硬度、亮度和色散性。后来，著名的罗马人老普林尼注意到它们的观赏价值。但直到 1866 年，南非的一名 15 岁的农场男孩发现了一颗闪闪发光的钻石（后来经鉴定有 21 克拉[①]），人

---

① 1 克拉 = 0.2 克。——编者注

们才开始大量开采钻石。4年后，人们又发现了一颗83.5克拉的钻石，这引发了一场钻石热，最终吸引了数以万计的满怀希望的人。

"这可不是碳中和的时候。"

图7-1　角斗

资料来源：© 2008 WM Horst Enterprises, distributed by King Features Syndicate, Inc.。

在南非金伯利镇附近地区有4条主要的火山通道（也称火山管）。第一条被发现的通道是"大洞"（图7-2）。它占地42英亩[①]，曾被称为地球上最大的人工挖掘管道。由于碎片填充和水泛滥，露天挖掘在接近800英尺的深度处结束，但地下开采最终将这个矿坑的深度延伸到3 000多英尺。到1914年，人们已经从"大洞"中采掘了1 400万克拉的钻石。

如果你观察一堆纯的固体化学元素，就会发现它们大多看

---

① 　1英亩≈0.004平方千米。——编者注

图 7-2　金伯利钻石矿，著名的"大洞"。这条钻石管道已经被开采到 1 千米以下的深度

上去相当单调，但碳有点儿鹤立鸡群。纯碳原子聚集形成的单质形态各异，从黑色的非晶态碳扩展到光滑的晶态石墨，再到晶莹剔透的钻石——所有室温下呈固态的元素单质中唯一一种在室温下透明且"清澈如水晶"的形式。

这些不同形式的碳单质之间区别何其大！非晶态碳是玻璃质的，构成它的各个碳原子之间没有几何上的有序排列。另一方面，石墨则是完美的晶态，它由堆叠的碳原子片组成，片内的碳原子排列成六边形，像铁丝网一样连接在一起（石墨烯），而片与片之间则只保持松散的连接。石墨就像元素周期表中的脱毛犬，处理时会不断脱落微小的炭屑。当某个人处理大量石墨时，你一眼就能分辨出来，因为他的手会很脏，沾满光滑的黑色石墨片。这些石墨碎屑还会沾到他的衣服和他接触过的任何东西上。

钻石与柔软、乌黑的石墨的反差太大了。钻石是已知最硬的材料，它是一种纯净且完全透明的单质。如果你的钥匙卡在锁孔里了，你可以用光滑的石墨粉轻松地将其取出，但你永远不会用钻石粉来尝试。钻石的碎片是砂砾状的，可以用来研磨已知最坚硬的材料。在其他许多方面，钻石的特性也都非比寻常，例如它是最好的热导体，具有极高的熔点，还是一种良好的电绝缘体。

石墨和钻石都是纯碳晶体，但石墨是由薄片组成的，而钻石则是碳原子之间以强化学键结合而成的立体"钻石结构"（图7-3）。钻石这种非比寻常的特性与其规则的、重复的原子排列模

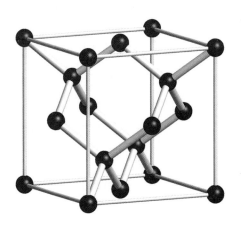

图 7-3　钻石的晶体结构

式有关：每个碳原子与另外 4 个最接近碳原子的"邻居"之间形成强键，键与键之间的夹角略大于 109 度。这种钻石结构具有立方对称性，开采出的钻石通常呈八面体形状——两个金字塔底部相连倒扣在一起的形状。在碳能够形成的数百万种化学结构中，钻石是唯一具有这样的键的分子，这些键形成了非常坚固的晶体结构。这些键是固定不变的，可以说它们是钻石具有最高等级硬度特性的根源。在前一章中我们见识了许多种形式的碳，它们可用于制造各种性能的材料。而钻石这种可能是最著名的矿物的形式，则以其非常壮观的方式从所有其他形式的碳中脱颖而出。

尽管"钻石恒久远"这种说法并不总是正确的，但在大多数可以想象的情况下，钻石确实可以做到几乎永恒地存在。实际上，陨石中的一些钻石比地球和太阳还要古老。然而，在适当的条件下，钻石可以变成石墨，甚至可以变成二氧化碳。在正常情况下，钻石转化为石墨需要花费大量的时间，而且你不用担心这种情况很快会发生在你的钻石上，甚至是发生在"希望钻石"上。只要把钻石加热到足够高的温度，它就会变黑，实际上就是变成了钻石与石墨的多晶混合物。黑钻石是自然产生的，但有时也可以通过对清洁刻面的钻石进行热处理来生产。当钻石在空气中被加热到极端高温时，它会燃烧成纯的二氧化碳并消失。如前所述，拉瓦锡学派就曾烧毁钻石，以证实他们的理论，即质量在燃烧过程中是守恒的。在这项有必胜决心且引人注目的实验中，实验人员用非常大的透镜来聚焦阳光以获得高温。这一实验帮助证明了碳是一种元素，并举例说明了元素是什么。

还有另一种透明的碳单质叫作朗斯代尔石，它没有钻石那么广为人知。由于朗斯代尔石具有超完美的结构，没有缺陷或杂质，因此人们预测它比钻石还要硬一点儿。朗斯代尔石中的碳原子排列成六方结构，因此朗斯代尔石有时被称为"六方金刚石"，但实际上它不是钻石，因为它有不同的晶体结构。业已证实，这种极其罕见的矿物的来源都与陨石或大型陨石撞击坑有关。人们最早是在美国亚利桑那州弗拉格斯塔夫附近著名的巴林杰陨石坑的陨石样本中发现朗斯代尔石的，同时还发现陨石样本中有钻石成分。目前已知的最大的朗斯代尔石的来源是俄罗斯的珀匹盖陨石坑，其直径达 100 千米。据信，其中含有数十万吨的朗斯代尔石和钻石，但这些钻石大多不具有宝石的品相。（珀匹盖陨石坑的钻石是在 3 500 万年前撞击事件的巨大压力下，由地球陆地上的石墨形成的。）

制造钻石需要特殊的条件：在我们的星球上，所需的压力和温度只有在地表下很深的地方才具备。大多数钻石形成于地球的上地幔，位于旧大陆表面下约 100 千米处。开采出来的钻石约有 99% 被归类为 I 型，据信它们是由地表沉积的碳形成的，这些碳可能来源于有机化合物。普通钻石具有独特的性质，例如其中氮含量高到足以使钻石呈现微黄色或浅灰色。钻石几乎是纯碳，但它们确实携带有少量的其他元素和嵌入的固体。只有大约 1%

的小钻石具有符合标准的颜色、透明度和足够低的氮含量，可以被归类为珍贵的IIa型钻石。大钻石很罕见，并且在其成分、年龄和诞生地等几个方面有所不同。最大的钻石中大约有1/2属于IIa型钻石；它们的氮含量低，并且异常清澈。非常大的钻石会很出名，并且经常被命名。例如，莱赛迪·拉·罗纳钻石重达1 109克拉（图7–4）。

图7–4　2015年在博茨瓦纳发现的1 109克拉的莱赛迪·拉·罗纳钻石，这是一个多世纪以来发现的最大的宝石级钻石

资料来源：AP Photo/Seth Wenig。

　　在过去几年中，人们发现了一类最有趣的巨型钻石。几乎所有这类钻石都被归为IIa型。这些巨钻很纯净，但它们确实含有细微的杂质，其属性表明这些顶级钻石有着与普通钻石截然不同的发展史。它们有超深的起源，也就是说，它们成形处的深度是普通钻石的数倍。这种超大且具有非凡的纯净度、颜色和其他特性的超深钻石被称为"CLIPPIR钻石"。最著名的CLIPPIR钻石是来自南非的库里南钻石，重达3 107克拉（0.61千克），这是迄今为止发现的最大的宝石级钻石。它被切割成9块主石，所有这些皇冠珠宝级钻石通常都存放在伦敦塔里。并不是所有的超深钻石都很大，大多数都很小，但它们对于科学研究相当重要。这些小的超深钻石较为常见，因此被大量用于研究，以便更广泛地探索超深钻石形成时所在深度发生的过程和材料。在巴西捷那地区的冲积矿床上，这类小的超深钻石储量丰富。

超深钻石是我们星球内部最深的固体物质样本。有意思的是，长期以来因其美丽而备受珍视的钻石，是一座我们借以了解地球深处的、以前无法想象的独特宝藏。没有它，我们将永远无法知晓不可直接触及的深度的地质状况。我们可以将航天器发送到太阳系边缘甚至更远的地方，但我们似乎不太可能建造一个装置，从660千米深的下地幔顶部取回样本，因为那里的温度高达1 600摄氏度，压力为24吉帕（24万个大气压）。

超深钻石是一种神奇的工具，可以像小型偷渡者一样，将深层地质材料的微小包裹体运送到地面供人们研究，而且这些包裹体受到钻石令人难以置信的坚固保护。它们为探索地球内部深处——包括410~660千米甚至更深的地幔过渡带（MTZ）——提供了一种真正独特的研究手段。地幔过渡带标志着上地幔与下地幔之间的边界，这两个区域因其地震特性而彼此不同。

一些超深钻石内含有铁镍金属合金、碳化铁、高压矿物（如林伍德石）等材料的包裹体，甚至含有外来固体，如含有氢气和甲烷的高压形式的冰和气体。地幔过渡带中存在林伍德石的事实意义深远，因为它可能含有"水"。实际上，这里的"水"是镶嵌在矿物晶体结构中、以氢氧化物的形式存在的氢和氧。林伍德石是一种高压硅酸盐，由地球上最丰富的原子——硅、镁和氧——组成。它的化学成分与上地幔中占主导的无水矿物橄榄石相似（橄榄石在夏威夷的绿色沙滩上很有名）。据观察，超深钻石中的林伍德石含有超过 1% 的水，因此地幔过渡带附近的这种矿物下有可能隐藏着海洋或较多的水。（在 660 千米以下的深度，林伍德石会转变为布里奇曼石等，其晶体结构无法容纳那么多的水。）

1969 年，人们首次在一颗陨石内发现了一种紫色的硅酸盐矿物，这就是高压矿物林伍德石。这颗陨石在太空中因与另一个固态天体相撞而受到"冲击"。在地球的物质中，人们只在深层钻石的微小包裹体中发现了这种自然状态下的林伍德石。在地幔过渡带中发现林伍德石，对于我们了解海洋的起源及其长远的未来具有深远的意义。未来，随着太阳变得更亮，地球将失去海洋，但地幔深处的水将继续向地表渗透。当我们星球的表面温度低于水的环境压力沸点时，它就可能会在那里形成小池塘。

深层钻石和浅层钻石之间的差异提供了对地球内部过程和

历史的基本了解。超深钻石中金属铁的存在以及其他的证据表明，形成这些钻石的碳可能不像形成普通钻石那样是从地表带下去的，而是从地心深处带上来的。有人认为，深层钻石中的碳以前存在于金属铁中。当然，这种物质存在于地核铁心中，但它也存在于下地幔中。

一些超深钻石还含有氦，但这种氦与大气、岩石和上地幔的钻石中发现的氦由不同的同位素组成。氦有两种同位素 ^{3}He 和 ^{4}He，它们因所含中子的数量不同而不同。地球上的氦有两个来源：一是来自地球内部铀和钍的放射性衰变，这是相对年轻的氦；二是大爆炸中形成的 138 亿年前的原始氦原子。这些原始氦成分处在形成我们星球的岩石体内，从而被带到地球上，其数量微乎其微。太阳系中流浪的最大天体和火星一样大，它们的撞击可以直接将其物质喷射到地球的深处。地壳岩石中的放射性衰变所产生的氦几乎都是纯的 ^{4}He（^{3}He 仅占百万分之一），而大爆炸、陨石和太阳中 ^{3}He 的丰度要高出 100 倍。氦是一种惰性气体元素，作为最小的原子，它倾向于在物质之间扩散和混合。因此，值得注意的是，我们的星球至少保留了氦的两种同位素成不同比例的储层。尽管充入生日气球中的氦和地球地壳中的氦几乎都是纯的 ^{4}He，但在一些超深钻石中，以及在夏威夷、冰岛和巴芬岛等一些海洋岛屿的玄武岩中，^{3}He 的含量要高出 50 倍。原始氦的同位素特征被保留在了地球深部的物质中。来自钻石的数据在了解地球上曾经发生了什么方面起着关键作用，因为我们可以通过分析它们所含的高压矿物来了解它们形成时所处的深度。

钻石是在很深的地层中形成的，但它们以一种最有趣的方式到达地表。在地球的过去，曾发生过非比寻常的火山喷发，它们神奇地将地球深处的物质带到了地表。深处的物质在巨大的压力下向上爆炸，有时借助膨胀的水和二氧化碳气体，以每小时数百千米的速度推进。这些奇特的喷发形成了细长的"管道"，其直径只有几百米，深度却达 100 千米。当它们喷发到地表时，一些物质一定会被猛烈地喷射到高空。不过，与其他火山不同的是，它们没有在地表沉积成山脉或其他大量物质堆积。

向上流动的物质从管道的垂直壁上撕下碎片，管道的竖井中充满了不寻常类型的岩石，这些岩石被归类为金伯利岩或钾镁煌斑岩。典型的矿床被称为金伯利岩，[1] 它们有时包括各种罕见的高压矿物，包括钻石（图 7–5）。就像是为了让勘探者、矿工和投资者感兴趣，一些管道含有惊人的钻石财富，而另一些管道

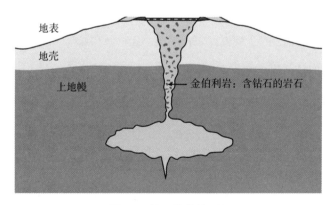

图 7–5　钻石管道剖面图

则不含钻石。即使是最丰富的矿床，在几吨金伯利岩石中，也仅含有大约 1 克拉的钻石，而且大多数矿床的丰度要低得多。

通常，这样的管道很难被发现，因为它们的表面特征可能很微妙。20 世纪 90 年代初，当人们在加拿大北部发现富含钻石的金伯利岩管道时，这种隐形管道最初是在覆盖着冰的浅池塘中发现的。池塘中满是下沉的凹陷，因为管道中的岩石比周围的岩石要软，侵蚀速度较快，所以导致了这些凹陷形成。

如果没有令人难以置信的火山钻石管道将碎片从地球深处提升出来，我们也许就只知道陨石中存在的少量钻石，除此以外一无所知。（陨石是坠落在地球上的罕见的小行星碎片。）如果没有钻石管道，地球内部深处相当丰富的钻石将永远不会有得见天日的可能。我们不会有钻戒或金刚石锯，也永远不会说任何东西"像钻石一样闪闪发光"。

因为钻石非常罕见，而且其潜在价值非常高，所以钻石产地几乎总是禁止那些想在周末找到一颗小钻石的探矿者前来寻宝。然而，有一个地方，普通人只要走进来四处挖上一天，就至少有机会找到一颗钻石。这个地方就是美国阿肯色州默弗里斯伯勒附近著名的钻石陨石坑公园。游客每年能在那里发现大约 1 000 颗钻石（图 7-6）。尽管大多数钻石都很小（曾发现的最大钻石为 40 克拉），但也有一些质量上乘的宝石。它们是在一根古老的火山管道的风化表面的暴露部分被找到的。该火山管道与南非的金伯利岩管道相似，但由一种叫作钾镁煌斑岩的岩石组成；

澳大利亚的钻石管道中也充满了这种物质。你只需支付 13 美元的入场费，就可以通过筛选一桶桶的土壤来搜寻犁过的管道表面。或者，如果你真的很幸运，你可能会在四处走动时就发现一颗闪闪发光的钻石。

图 7-6　在阿肯色州钻石坑公园寻找钻石

资料来源：© 2023 Arkansas Department of Parks, Heritage, and Tourism。

2008 年，一颗微小的小行星坠落地球，在进入大气层后解体。它的碎片很容易找到，因为它们降落在苏丹沙漠中。像其他陨石一样，这些拳头大小的陨石中含有小钻石。但与珀匹盖陨石坑和流星陨石坑的情形不同的是，这些钻石不可能在地球上形成，因为这些小陨石不是以超高速撞击地面，也没有产生足够高的冲击压力来形成钻石。陨石中的这些钻石是由小行星在太空中高速碰撞的冲击压力形成的。许多陨石都具有由高速碰撞引起的特征，但大多数陨石中并不含这种方式制造的钻石。

太阳系中可能还有其他的钻石来源。木星和土星，可能还有天王星和海王星，它们的大气层中都有适合形成"钻石雨"的条件——大量的碳，它们的扩展大气层中的压力和温度都适合形成宝石级钻石。如果钻石能够在太阳系中生成，那么它们也必然能够在具有合适的钻石发育环境的其他行星系中生成。我们已经发现了数千颗系外行星，它们围绕着各种类型的恒星运行。

形成钻石的一个真正引人注目的地方是白矮星致密的内部，白矮星是大多数恒星的最终演化状态。20年前，人们发现富含碳的白矮星BPM 37093（昵称"露西"，取自披头士乐队的歌曲）内部是钻石晶体。这个结论是从恒星亮度的脉动中推断出来的。这种脉动由类似于铃声的振动引起。新兴的星震学领域可以利用这些观测数据来推断恒星内部的性质。白矮星似乎是宇宙中钻石的重要储存库。

仅仅说一句"钻石"这个词就可能让你的交谈对象面露微笑，或者至少做出积极的回应。然而，地球上关于钻石的故事并不全是灿烂光明的。多年来，钻石的极端价值和对它的关注引发了贪婪、盗窃、残忍和悲剧。钻石激发了喜悦和敬畏，但也有黑暗的一面。葡萄干大小的钻石可以值一大笔钱，而偷窃它的诱惑让少数人无法抗拒。如何管理钻石矿矿工一直是一个问题，因为矿工只需吞下一颗钻石，就可以偷走价值数百万美元的石头。矿场一直有这样的惯例，让矿工每天接受X射线检查来防止钻石从矿场走私出去。钻石失窃案是书籍、电影和新闻报道的传奇题材。

除了造就盗窃、谋杀和故意伤害的历史（这些历史可以追溯到钻石的第一次发现），这些奇特的石头通常还被认为具有特殊力量。有些钻石除了被想象成具有魔力的魔法石，还与厄运有关。其中，最著名的是关于巨大的蓝色"希望钻石"的传奇诅咒，现在这块石头被安全地存放在美国史密森尼国家自然历史博物馆。

另一个典型的例子是"科依诺尔钻石"，它是在古代发现的，有着极其黑暗的盗窃史，其所有权也有争议。以前它曾为无数的国王和皇帝所拥有，被认为是地球上最有价值的宝石。1850年，它被赠送给维多利亚女王，现在已成为英国皇冠上的宝石之一。即使在一个半世纪后，对于哪个国家应该拥有这颗壮观的宝石，人们也越来越感到苦涩。

1871—1872年间的大钻石骗局集中反映了钻石热所引发的贪婪、野心和普遍的肮脏心态。这是一个在美国西部和非洲发现大量金银的时代，也是在加利福尼亚砂金矿床中偶尔发现钻石的时代。它还是一个充满期望的时代，当时巨大的矿业财富经常涌入旧金山。在此期间，出现了许多骗局。一些无赖有时会用花言巧语和金粉来欺骗投资者。来自肯塔基州的菲利普·阿诺德和约翰·斯莱克，带着一袋钻石和一个神话般的钻石采集地新发现的消息来到旧金山（图7-7）。然后，他们用最初投资者给的钱前往英国，购买了价值 2 万美元的未切割钻石和红宝石，用于在科罗拉多州西部通过造假来兜售他们的"钻石采集地新发现"消息。采矿专家被带到这个偏远的地点，在那里他们看到了地面上和蚁丘里的宝石，证实这个地点的钻石非常丰富。渴望分享财富的投资者向该项目投入了大量资金，这其中包括许多加利福尼亚州最成功的银行家和商人、一名联邦军前指挥官、一名国会议员，还有来自太平洋和大西洋海岸的律师，以及蒂芙尼公司的创始人。霍勒斯·格里利也在某种程度上参与其中，他在纽约报纸上的文章刺激了向西部大量移民。在这场美国西部最大的骗局中，骗子诈骗了投资者 65 万美元。[2]

THE DIAMOND FRAUD.

The Greatest Swindle Ever
Exposed in America.

HOW THE FIELDS WERE SALTED.

The Sharpest Men in California
Lose Nearly $2,000,000.

INDIGNATION IN SAN FRANCISCO.

Prominent New Yorkers out of Pocket
to the Extent of $750,000.

OFFICIAL REPORTS OF SCIENTIFIC MEN.

Disappearance of the Men who
First Found the Jewels.

图 7-7　加利福尼亚淘金热期间的钻石大骗局

资料来源：左边是菲利普·阿诺德（怀俄明州历史学会提供），右边是 1872 年《纽约太阳报》的一篇报纸报道。

幸运的是，就在投资者将要损失数百万美元之前，欺诈行为被曝光了。旧金山市经历了一场最尴尬的金融灾难，挽救这个局面的是一位科学家。地质学家克拉伦斯·金在一次实地考察中敏锐地发现了这个骗局。金注意到，只有在脚印环绕的地方才能发现宝石。此外，这些宝石似乎是被放置在蚁丘中的，而不是位于地表以下，周围的岩石与产钻石的环境也不一致。在拯救了这座城市及其容易上当的投资者之后，金成为他那个时代最著名的科学家之一。1879年，他被任命为美国地质调查局的首任局长，金峡谷及其国家公园就是以他的名字命名的。目前，在美国地质调查局的官方地形图上，这块钻石诈骗地域被标记为"钻石田"。

近年来，钻石最黑暗的一面无疑是利用叛军和军阀控制下钻石开采活动所取得的利润来资助武装冲突和内战。这些武装团伙侵犯人权的行为包括强迫（包括儿童在内的）平民在极其危险的条件下长时间工作。这些矿场带来的数十亿美元的钻石开采利润助长了毁灭性的战争，造成了安哥拉、刚果民主共和国和塞拉利昂等国数百万人死亡。用于支持这些战争的钻石被称为"冲突钻石"或"血腥钻石"，以引起世界对这一可怕活动的关注。2002年，联合国携手钻石贸易国和钻石工业界一道制定了金伯利进程，以追踪钻石，减少血腥钻石流入合法的世界钻石贸易市场。贪婪和腐败不仅仅局限于钻石，武装团体还开采钽、锡、钨和黄金，产生的结果与钻石开采类似，这些矿石有时被称为"冲突矿产"。

宝石级钻石从矿山开采出来后，通常会通过矿业公司或其代理人举行的大型拍卖会开始其商业之旅。戴比尔斯公司就以拍卖钻石而著称。在拍卖过程中，经过挑选的买家必须在看不见的情况下为钻石"拍品"付款。这些宝石先从拍卖会分发给零售商，再以巨额的价格卖给你，溢价可能高达 300%~500%，甚至更多。对销售速度较慢的小型精品珠宝店来说尤其如此，而大店拿货的价格可能更低（往往质量还更低劣）。在矿源和客户之间，宝石级钻石的销售通常有着复杂的经销商网络，这是国际钻石业务经过数百年发展的遗产。

著名的戴比尔斯公司由塞西尔·罗兹于 1888 年创立，一个多世纪以来一直在钻石的开采和分销中发挥着主导作用。罗兹出生于英国，但在十几岁时移居南非，最终成为宝石级钻石行业历史上最重要的人物。罗兹基金会为著名的罗兹奖学金项目提供资金，这是大学四年级学生所能获得的最珍贵的荣誉。现在的津巴布韦共和国以前叫罗得西亚，就是以他的名字命名的。直到最近，戴比尔斯仍然垄断着世界钻石业务。

一旦宝石级钻石的毛坯被开采出来并出售，就需要对其进行切割，以展现其非凡的美感。钻石是所有宝石中最难切割的，但由于它们是如此令人向往和珍贵，因此切割钻石的技术已经发展成为一门高级艺术。在 14 世纪，钻石首饰的制作，即知道如何在正确的地方切割钻石，就成为欧洲的一个行业。（如果不是基督教早期严格节俭的传统阻碍了人们追求奢华，这个行业可能会出现得更早。）在切割钻石变得普遍之前，毛坯钻石被上层阶级视为身份的象征或好运的预兆。第一个钻石切割师行会于14世纪在德国成立。到15世纪，比利时安特卫普发展出了新的工艺，在快速旋转的金属圆盘上用钻石粉尘来切割壮观的对称钻石。如今，大多数宝石切割都是在印度完成的；世界上90%以上的宝石级钻石都是在印度的苏拉特切割的。

钻石可能比其他任何东西都硬，但实际上它很容易破碎。当在正确的位置以正确的角度予以撞击时，它便沿着解理线断裂开。钻石刀具正是利用这一特性来使大块钻石初步成型，然后用钻石粉末来研磨和抛光，制成精细的形状。非常大且昂贵的宝石可能会给切割工匠造成一些情绪上的紧张。想象一下，准备切割一颗价值数千甚至数百万美元的钻石时，切割者的心理压力有多大。

钻石需要切割，是为了展现其美妙的光泽和颜色，就好像这些色泽是由无色的石头神奇地产生的。实际上，被切割的钻石看上去闪闪发光，是因为它们经过精心制作，可以将光线反射给观察者。钻石之所以具有这一特性，是因为它们的形状和光线在其内部传输时的奇特行为——光在钻石中的传播速度只有其在空气中的40%。在一系列透明材料中，钻石的透光率非常低。

切割后的钻石光彩夺目，是因为进入宝石的光线会从带刻面的宝石顶部散射出来。当钻石等"慢光"材料中的光线传输到空气与宝石之间的界面时，它要么被反射回宝石，要么以散射角逃逸出去。对于具有慢光特性（也称为高折射率，折射率即材料中的光速与真空中的光速之比）的透明材料，光在宝石内的底部被有效地散射，然后从顶部射出。钻石中缓慢的光速增强了光在宝石底座（亭部）进行内部反射的效率。钻石中的光速随光的波长或颜色而变化。这种效应被称为光的色散，蓝光的传播速度比红光慢。从带刻面的钻石上看到的漂亮闪光就是这种色散效应的结果（图 7-8）。

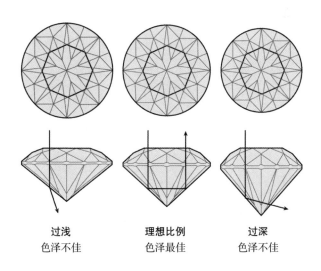

过浅　　　　　　　　理想比例　　　　　　　过深
色泽不佳　　　　　　色泽最佳　　　　　　　色泽不佳

图 7-8　切割钻石以求最大限度地提高亮度

你可能会认为，考虑到形成钻石所需的极端条件，要想在实验室中制造钻石是不可能的。但它们已经被人工生产出来了，而且技术只会越来越好。由于钻石的价值和实用性，人们自然有很强的动机通过工业化的工艺来制造"合成钻石"。起初，由于难以创造合适的条件，只能制造出微小的钻石（毕竟，在自然界中，生成钻石所需的条件通常只有地表深处或来自太空的巨大天体撞击形成的陨石坑才具备），但随着时间的推移，新技术已经发展到能够生产更大的钻石，现在我们已经可以生产出尺寸非常大、颜色范围惊人的完美钻石。色彩浓烈的钻石也被称为花式钻石，在自然界中极为罕见；但人造钻石并非如此，设计师可以很容易地通过在其结构中加入少量其他原子，来制造不同颜色的钻石。人工生产的宝石质量非常高，由此引起的区分天然钻石和人造钻石的困难在钻石行业造成了一定的恐慌。例如在加拿大，这一局面促使人们用一只微小的激光雕刻的北极熊和一个数字来标记天然钻石，这样它们就可以被验证为真正的天然加拿大宝石。

许多人造钻石是在高压和高温下用特殊的压机制造的。这些钻石被称为"HPHT钻石"。但也存在其他制造钻石的方法，用作抛光和研磨粉末的非常小的钻石可以通过爆炸方法进行商业化制造，用作涂层和薄膜的钻石可以通过化学气相沉积（CVD）工艺来制造。CVD方法不是通过高压，而是在接近真空的微波炉中进行。在微波炉中，钻石直接由电离气体生成。制造合成钻石的条件也被用于探索地球和其他行星深处高压下的材料性质。钻石砧是一种手掌大小的装置，它可以将两颗钻石挤压在一起，产生类似于地球中心处的压力。

听到"钻石"这个词时，我们中的许多人都会想到宝石，想象着奥黛丽·赫本站在蒂芙尼公司的产品前，或者玛丽莲·梦露唱着关于她最好的朋友的歌的场景。宝石业务是全球钻石行业最著名的部分，但它只是钻石影响我们生活的众多方式之一。走进几乎任何一家五金店，你会发现数量丰富且相对便宜的镶有钻石的工具，只是它所使用的钻石属于低于宝石级的工业钻石。基于钻石的工具越来越便宜，而且由于钻石的卓越性能，它们正在取代其他工具。一把普通的圆锯，配上一把便宜的镶有钻石的钢刀，就可以像切黄油一样切割花岗岩、混凝土和瓷砖。人造工业钻石的年产量已经达到数十亿克拉，许多钻石售价仅为每克拉几美元。

工业钻石的大部分效用都集中在钻石的硬度上。钻石标志着莫氏硬度标的最高级，[3] 在莫氏硬度标中，硬度等级按哪种材料能在低级别材料上留下划痕的顺序排列。钻石的莫氏硬度等级是 10，它可以刮伤蓝宝石，后者排在第 9 级。石英的等级是 7，它可以刮伤普通玻璃——后者的等级是 5.5。石膏的等级是 2，可以被指甲刮伤。

廉价工业钻石的大量供应使现代人能够做很多事情。家庭厨房里现在流行使用花岗岩台面，就是因为价格合理的钻石工具可以切割大块坚硬的岩石，并将其制成高度抛光的台面，台面上还为水槽和水龙头预留了切口。过去，这些东西仅限于皇室和最富有的人使用，但现在，由于廉价钻石的供应，这些在以前属于奢华之列的石头制品可以为收入较低的人所有。几乎所有厨房和浴室的瓷砖都是用钻石切割的，这份名单还可以罗列很多。高抛光混凝土地板的生产、凹槽混凝土高速公路和机场跑道的建设都涉及钻石切割。

钻石被用于电子和光学领域，用于制作和抛光眼镜镜片，有时甚至用于制作和抛光大型光学望远镜的镜面。眼科手术是用钻石制成的微型手术刀片进行的，因为钻石刀几乎可以达到原子级的精度，而且由于其硬度，钻石刀比任何其他类型的刀都锋利。手术用钻石刀是由高质量的宝石级钻石制成的，价格相当昂贵。然而，你可以去任何一家五金店买一把镶有钻石的锉刀，把你所有的钢刀甚至陶瓷刀磨得超级锋利。有人认为，未来的电子产品可能基于钻石薄膜制造，因为钻石的性能是目前使用的硅基电子元件所无法比拟的。

在本章中，我们探讨了为什么钻石是第六号元素的"超级明星"单质，并了解了它们的一些最优越特性，这些特性是我们所知的任何其他单质都无法比拟的。除此之外，它们还提供了一种独特的运输过程，能够神奇地将我们星球上最深的样本带到地表。钻石甚至比黄金更贵重，正因如此，长期以来它对于人类有着特殊的魅力。这里借用亨弗莱·鲍嘉在《马耳他之鹰》中扮演山姆·斯派德时曾说过的一句台词："它们是构建梦想的物质。"钻石是地球上最稀有的东西之一，我们把它们戴在手指上，镶嵌在皇家的王冠上，为它们写歌，把它们放在保险箱里保护起来，在蒂芙尼商店里盯着它们看。此外，由于其独特的性质，钻石还被用来推动制造过程，使我们更容易追求自己的爱好和工艺，简化医疗程序，并以无数种其他方式（往往是未被意识到的方式）改善着我们的生活。

第 8 章

大气、气候和宜居性

现在，我们转向最柔软的碳形式，这是一种气体。在气候变化的背景下，大多数人几乎每天都会听到与它有关的事。尽管大气层中只含有我们星球上一小部分的碳，而且它只是地球空气中的微量成分，但它的影响是巨大的。除在地球的气候和长期宜居性问题上发挥作用以外，它的存在还使陆地上的植物和海洋中的浮游生物得以生长，并成为地球生命食物链的基础。

　　奇妙的碳元素以非凡的方式造福于人类。可能正是100多万年前人类学会了如何生火，才使得人类超越了地球上所有其他生物。我们可以用它来取暖、做饭，将森林开垦成农田。最终，碳的氧化能提供能量这一认识，演变成对地球上巨大的地下化石燃料库进行大规模开采。这种"大自然的礼物"为工业革命提供了动力，并为我们生活的现代世界提供了能量。如果没有将含碳化合物燃烧成二氧化碳的过程，也许人类永远不会超越其他动物。丰富的能源也使人口增长到80亿，不受约束的人口增长和前所未有的碳燃烧相结合，让人们意识到我们在"玩火"，会产生严重后果。大气中二氧化碳含量的增加导致全球变暖，严重威胁着人口过剩的现代世界。在20世纪，地表的平均温度大约每10年上升0.1摄氏度，但在过去几十年里，上升速度在加快。气温增高的主要原因通常与大气中二氧化碳的增加及其温室效应有关。这个过程以前看起来很神秘，但现在被认为是至关重要的，并不断出现在新闻中。

过去，人们对温室效应重要性的认识进展缓慢。早在19世纪20年代，人们就首次注意到了温室效应，尽管当时并没有用这个名字来称呼它。约瑟夫·傅里叶主要是一位数学家和物理学家，他最著名的贡献是证明了任何数学函数都可以通过叠加不同频率、振幅和相位的正弦波来模拟。晚年，他对大气加热产生了兴趣，并证明了地球的大气温度比它应该有的要高。他意识到，一定存在某种过程使它保持温暖，不至于因为太冷而无法维持生命。

傅里叶想到了一种过程，它可以使地表变暖并发出"不可见射线"来捕获热量。后来人们发现，这些不可见射线的波长要比可见光的长，并将它们称为红外辐射，因为它们在电磁波谱上的位置位于可见光谱的红端之外。

1900年之前，瑞典科学家阿尔维德·赫格布姆注意到，工厂排放的二氧化碳提高了大气中的二氧化碳水平。赫格布姆的同事斯万特·阿伦尼乌斯（前文我们曾提到他提出的胚种假说和金星上存在生命的观点）认为，海洋对二氧化碳的摄入将使二氧化碳的排放达到平衡，从而阻止它在大气中积聚。二氧化碳在海洋表面被吸收，一段时间以来，人们认为这将使温度稳定在一个舒适的水平。这个判断没错，但它赖以成立的时间尺度不对。海洋的平均深度接近4千米，从洋面到海底的混合过程需要很长时间。

"绿色"的房子有朝南的窗户（在北半球），这样照进来的阳光会加热室内；所产生的红外辐射被捕获。在一个完美、理想的温室里，光可以进入，但发射的红外线不会射出。温室效应也可以称为"汽车玻璃效应"，因为它们是类似的现象：如果汽车停在阳光充足的地方，其内部温度要比外部温度更高。这就是为什么在阳光明媚的日子里，你不能把孩子、狗或巧克力棒放在封闭的车里。

温室效应并不是一个非常精确的比喻。在花园温室里，发出的辐射被窗格玻璃阻挡；而在全球这个大"温室"中，大气层在各个高度都会吸收红外辐射。这不是一所房子，而是一种环境。说实话，花园温室之所以保暖，有一个主要原因是它们能挡风。热量被困在里面，不会被风吹走，也不会被吹进来的冷空气稀释。温室的围护结构抑制了对流，对流是低层大气中垂直传热的主要形式。

大气温室效应的一般作用方式如下：进入大气层的阳光到达地面并加热。地面吸收部分能量，并以红外热辐射的方式将其发射到空中。地面发射的这种辐射在被空气分子多次吸收和重新发射的过程中会向各个方向反弹，即"随机游走"过程。最终热量会逃逸，但在逃逸的途中，所有这些反弹都会将能量转移到空气中。这就是温室效应导致地球表面比没有这种效应时更温暖的原因。

二氧化碳并不是全球变暖的唯一罪魁祸首。水蒸气、甲烷、臭氧和各种氯氟碳化物也参与其中，并吸收红外辐射。实际上，这些气体比二氧化碳更有效地吸收热量，除了水蒸气，它们的含量都较低。水蒸气是温室气体造成地球整体变暖的主要原因，二氧化碳在很大程度上则是目前大气加热增强的原因，因为其浓度正在持续快速增长。这种含碳分子浓度的变化对气候稳定性和不稳定性造成了重大影响，这种影响将持续多年。

另外，温室气体变暖和二氧化碳浓度变化的作用也在很长一段时间内，对促进地球的宜居性发挥着积极的核心作用。从历史上看，地球有一个相当显著的特征，那就是它在大部分时间里至少保持了适度的稳定，这与我们的邻居火星和金星形成了鲜明对比。几十亿年前，火星似乎是一个更温暖、更潮湿的地方，但在过去的 30 亿年里，它一直是一片冰冻的沙漠；而金星则是一个地狱般的所在，似乎已经失去了它在 35 亿年前具备的所有表面特征。（金星很可能曾经有过一个和我们一样的海洋，后来却消失在太空中。）至于地球，除少数几次罕见的"雪球地球"事件外，其复杂的稳定系统使这艘"飞船"保持了稳定。这种稳定性对高等生物的生存非常有利，因为它最大限度地减少了导致重大灭绝事件的环境突变。事实上，考虑到许多其他因素已经发生变化，地球的环境稳定性更显得非同寻常。太阳继续以每10亿年增强10%的速度变亮，地球大气层的组成在地质时间的尺度上也发生了深刻变化。尽管目前大气中二氧化碳含量正在迅速增加，但从地球历史上看，它在总体上反而有所下降。游离氧在我们现代的大气中很丰富，但在25亿年前基本上不存在。以前这种缺氧的大气可能含有大量甲烷，这是一种强效的温室气体。其他变化包括陆地与海洋面积比例的变化，以及陆地的空间分布的变化。在2.5亿年前，即地球上已知的最大灭绝事件——二叠纪–三叠纪灭绝事件（或称"大死亡"事件）发生期间，大部分陆地区域都连成一体。早期的地球可能是只有几个岛屿的"水世界"，我们今天的大陆可能是随着时间推移慢慢形成的。

与火星和金星不同，地球的岩石圈（刚性外壳）不是静止的，大陆和海床都是板块运动的一部分。自16世纪以来，科学家就注意到这一现象。阿尔弗雷德·魏格纳对众所周知的大陆漂移现象进行了有条不紊的研究，并于1912年发表了一篇科学论文，他在这篇论文中引用了大陆运动的证据。

从本质上说，我们星球的板块运动是由地球形成时留下的内部热量驱动的，这些热量由重元素的放射性衰变提供。一些板块的边界成为扩张中心或发散边界，在这里冷却的岩浆形成新的火成岩，并以每年几厘米的速度向外移动。随着物质冷却，这些移动的岩石变得更为致密，当最终到达与大陆板块会聚的边界时，就在一种被称为俯冲的过程中向下运动，下降到被热量和压力重新转化成岩浆的深处。这一非凡过程发生的时间尺度在一亿年以上，形成了著名的输送带机制，通过这一机制，海洋地壳物质得以形成并随后被破坏。由于这种回收过程，海底最古老的岩石年龄还不到地球年龄的 5%。

我们在第 4 章和其他地方曾提到一种重要的长周期地质循环，称之为碳酸盐-硅酸盐循环。它起着恒温器的作用，有助于在地质时间尺度上调节地表温度，而板块构造运动引起的物质全球循环则是这种恒温器发挥神奇作用的一个关键因素。地球的碳酸盐-硅酸盐循环始于雨水。雨水中含有来自大气中二氧化碳的碳酸（H_2CO_3）。这种弱酸溶解了岩石中的钙，使得一些含钙离子到达海洋，在那里它们被用来制造贝壳和骨骼，最终到达海底，形成石灰岩等碳酸盐沉积物。这个过程是大气中碳的"汇"，因为它可以去除二氧化碳。俯冲过程迫使海洋地壳位于大陆边缘以下，在那里，这些碳酸盐受热分解并通过火山活动向大气释放二氧化碳。如果没有板块构造的循环利用，那么化学风化过程将把大气中的二氧化碳去除到植物无法生长的地步，因为实际上大气中备受诟病的二氧化碳是地球的基本"生命食粮"。然而，只要板块在移动，就会有稳定的二氧化碳源返回大气。（缺乏板块构造的行星可能有火山作用，也可能驱动碳酸盐-硅酸盐循环，但与这里发生的情况不同。）

这个过程就像恒温器，因为去除二氧化碳形成新碳酸盐的风化过程取决于温度。当地球冷却时，风化速度会减小，二氧化碳会在大气中积累并促进变暖。当地球很热时，风化速度会增大，并从空气中去除更多的二氧化碳，形成石灰岩等碳酸盐岩，促进冷却。大气中碳的这种调节反馈机制被认为是数十亿年来保持地球气候相对稳定的一个主要因素。不幸的是，这种奇妙的天然恒温器运行速度太慢，无法抵消化石燃料燃烧产生的热量。

地球可以被认为有两个主要的碳循环：一个是我们刚刚描述的缓慢的碳酸盐－硅酸盐循环；另一个是由生物过程驱动的较快的循环，通常被称为短期循环。短期循环的周期与植物生长和死亡的季节同步，以年为周期吸收碳并释放氧。这个周期被视为大气中二氧化碳的一个小的年度振荡。[1]阳光至关重要，它为生长提供能量。用化学符号来表示，即为如下的一系列反应：

$$6CO_2 + 6H_2O + 能量 === C_6H_{12}O_6 + 6O_2$$

然后：

$$C_6H_{12}O_6 + 6O_2 === 6CO_2 + 6H_2O + 能量$$

葡萄糖分子（$C_6H_{12}O_6$）是一种糖，产生它的能量来自阳光。短周期很容易观察到，尤其是在中纬度地区。季节的年度变化，植物生长的激增在北半球和南半球交替发生，就是由这种短周期造成的。

无论好坏，长期以来，生命与我们大气的演化之间都有着紧密联系。目前，我们的大气层正在发生快速变化，这主要是由单个物种积累的二氧化碳造成的。保罗·克鲁岑建议我们认为地球处于一个新的人类主导的地质时代，他称之为人类世，这是继全新世之后的一个新时代，即从上一次冰期结束后开始的 12 000 年的时代。人类世的起因是人口的自由增长，以及对地球资源的大规模利用和改造。克鲁岑发表于 2002 年《自然》期刊的一篇论文中指出："除非发生全球性灾难——陨石撞击、世界大战或大流行病——否则在数千年内人类仍将是一股主要的影响环境的力量。"马丁·里斯爵士在其著作《终极时刻》中对人类目前的困境做出了更为悲观的评估，该书描述了人类可能在 21 世纪导致自身灭绝的多种方式。

在美国夏威夷冒纳罗亚山顶上有一座冒纳罗亚观测站，它的测量结果引人注目地显示了最近大气中二氧化碳浓度的增长。连续 60 年的测量显示，与 1960 年的值相比，大气中二氧化碳浓度已稳定增加了约 30%。叠加在长期趋势上的变化是，由于北半球陆地植物的季节性生长，即前面提到的短周期因素，从峰值到峰值的年变化率约为 2%。这些数据绘成的图被称为基林曲线，以纪念斯克利普斯研究所的科学家基林，是他于 1958 年发起了目前仍在进行的这一测量（图 8-1）。大多数科学家，尤其是气候学家，认为这种上升（如基林曲线所示）已经导致了一场自我戕害的气候危机，甚至灾难。我们已经看到冰川融化，气温创纪录和日趋严重的风暴。这一趋势将影响农作物、森林和许多其他受气候变化影响的事物。主要作物种植区将发生变化，包括向更北部或南部地区转移；世界上许多沙漠面积将变得更大。在全球某些地区，这些变化对社会和经济的影响可能是灾难性的。在地球历史上，气候和海平面一直在波动，但当前全球变暖趋势的突发性在过去数百万年中似乎前所未有。

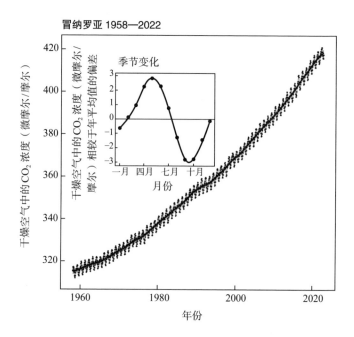

图 8-1　著名的基林曲线。它显示了夏威夷冒纳罗亚山顶大气中二氧化碳浓度随时间的上升。插入的小图显示的是季节因素带来的百万分之六的变化，这是由于在春季和夏季这两个"生长季节"，光合作用引起的二氧化碳消耗会增加

资料来源：Data from Dr. Pieter Tans, NOAA/ESRL, and Dr. Ralph Keeling, Scripps Institution of Oceanography。

几乎每个人都对全球变暖有自己的看法。大多数科学家将目前的温度增长归因于二氧化碳以及甲烷、一氧化二氮和臭氧等其他温室气体的贡献。有些怀疑论者则指出地球漫长历史中存在波动。但到目前为止，证据已经很清楚：20世纪的变暖是人类活动向大气中排放的碳比清除的碳要多的结果。我们正在造成这一变化，我们和之后的几代人将不得不承受快速燃烧化石燃料所带来的后果。

尽管当前的变暖期正在给我们的星球带来巨大的变化，但地球以前也经历过巨大变化。过去的剧烈温度变化包括暖期，当然还有冰期。就在12 000年前，西雅图、芝加哥和纽约还处在被纵横千米的冰川覆盖的状态。人类在这个冰期幸存下来，在过去的12 000年里，自文明诞生以来，我们一直在享受一个相对温暖的间冰期。在过去的100万年里，地球经历了10多个寒冷时期，极地以外的地方都结了冰。在这段时间里，实际上冰期是常态，每一次都持续大约10万年。随着时间的推移，在过去的100万年中，只有一小部分中纬度地区的温度像人类有记录的历史中所经历的那般温暖。

全球平均气温在最近和各个地质时期并不相同。恐龙生活在6 600万~2.45亿年前的中生代，当时全球气温比现在高得多。请注意图8-2中有极地冰盖和无极地冰盖的周期性变化。

随着人类造成的全球变暖趋势急剧增强，我们肯定正处于艰难时期。但从长远来看，我们星球上出现某种程度的变化是常

A
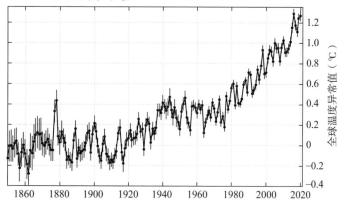
1850—2020 年全球平均气温

图 8-2a　1850—2020 年全球平均气温，结合了伯克利地球组织编制的陆地数据与经调整的英国哈德利中心的海洋数据。全球温度异常值与 1850–1900 年的平均值有关，误差棒的垂直高度表示 95% 的置信区间

资料来源："Global Temperature Report for 2020" by Robert Rohde. © Berkeley Earth。

B
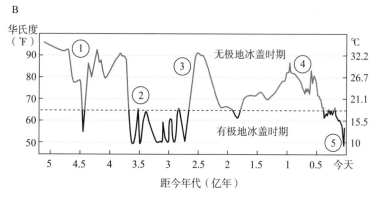

图 8-2b　全球平均气温在最近和各个地质时期各不相同。恐龙生活在 6 600 万~2.45 亿年前的中生代，当时全球气温比现在高得多。注意有极地冰盖时期和无极地冰盖时期的区别。摘自保罗·福森的文章《5 亿年地球气候调查揭示了对人类的可怕警告》

资料来源：Smithsonian Institution National Museum of Natural History, adapted by N. Desai/Science。

态。在很长一段时间内，地球一直在较暖的"热室"状态（通常被称为"温室"）与较冷的"冰室"状态之间波动。通常，热/冷状态与大气中二氧化碳丰度较高/较低的时期以及其他因素有关。如图 8-2 所示，在温室状态下，地球温度太高，无法在大陆或两极形成冰川。地球在其整个历史 85% 的时间里，一直处于高温的温室状态。

当不处于炎热的温室状态下时，我们的星球被认为处在冰室中。自大约 3 400 万年前，现代南极冰盖开始形成以来，地球上已经有过 5 次公认的冰室时期，包括新生代晚期。所有人类历史都发生在冰室时期，两极都被冰覆盖，全球气候温和。冰室时期可以分为"冰期"和"间冰期"，在此期间，冰盖可以生长或消退。文明的兴起发生在间冰期，但在过去的几百万年中，地球 80% 以上的时间里都处于较冷的冰期。冰期与间冰期之间的转换发生在大约 10 万年的时间尺度上，通常被认为受到天文因素的影响，如地球绕太阳轨道的微小变化和自转轴的倾斜。

在地球历史上，曾有过几次更为壮观的温度涨落。早于距今 5 亿年的时候，也就是大约 25 亿年前，我们星球的气候已经变得相当不稳定，赤道地区正在结冰。在这些"雪球地球"事件中，海洋基本上冻结了，阻碍了大气中二氧化碳正常溶解在海水中的过程。有人估计，到"雪球地球"事件结束时，火山活动释放的二氧化碳可能已经在大气中积累到 100 000 ppm^①的水平。这比目前 420 ppm 的水平高出 100 多倍。目前的理论认为，当这种事件结束时，大量积累的二氧化碳将导致温度飙升至地狱般的数值，然后二氧化碳通过化学过程被清除并返回海洋和地下水库。极高的温度加速了从大气中去除二氧化碳的化学风化作用。有时，冰川消融期间的海洋化学变化会导致厚厚的石灰岩沉积物形成，被称为盖层碳酸盐岩。这些沉积物沉积在冰川形成的地质构造或冰滴下的物质之上。

观察过去 100 万年中二氧化碳浓度的变化，可以为了解自然循环以及人类活动带来的影响提供一个有趣的视角（图 8-3）。2 万年前，在最后一次最大冰期，二氧化碳浓度约为 200 ppm；12 万年前，最后一次间冰期的最大暖期，二氧化碳浓度为 280 ppm。在过去的 1 万年中，二氧化碳的平均浓度约为 280 ppm，但工业革命后开始出现一个巨大的峰值，目前的二氧化碳浓度是过去80 万年以来的最高值。我们已经慢慢陷入一种真正的困境，如何管控并尝试最大限度地减少二氧化碳浓度增加所导致的各种变化，这对我们来说将是一个巨大的挑战。

二氧化碳浓度的迅速上升给人类带来了严重问题，因为它改变了气候、海洋酸度和海平面的高度。我们的食物供应、淡水供应、天气和许多其他问题都受到二氧化碳浓度上升的影响。二

---

① 1 ppm = 10^{-6}，即百万分之一，是表示气体中各种成分浓度的无量纲量。——译者注

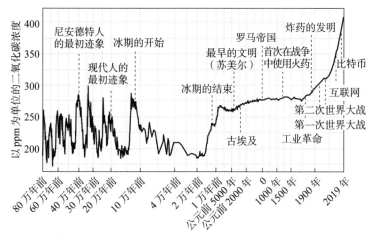

图 8-3　过去 80 万年，大气中二氧化碳的变化

资料来源：美国国家海洋和大气管理局，美国国家航空航天局。

氧化碳的浓度将继续上升，如前所述，在过去半个世纪里已经上升了超过 30%。按照目前预计的增长速度，50 年后二氧化碳浓度将达到约 500 ppm，到 2100 年足以将海平面抬升约 1 米，到 2300 年海平面将上升几米。对海平面快速抬升的主要担忧是它给地球上复杂的系统组合带来的压力，这些系统包括空气、陆地、水和生物系统。然而，吸入更多二氧化碳的直接影响不会成为问题，至少对未来几代人来说不会有问题。当今，家庭中的二氧化碳浓度可能超过 1 000 ppm，我们呼出的空气中的二氧化碳浓度约为 5%（50 000 ppm）。预防新冠病毒感染时，所戴口罩内的二氧化碳含量通常超过 5 000 ppm，但这并没有被认为对健康有危害（尽管超过 5 000 ppm 的持续时间超过 8 个小时被认为有问题）。

即使现在所有化石燃料的排放都停止了，由于所涉及的地球过程的惯性，海平面也会继续上升。一些估计预测，随着冰的融化和水的变暖、膨胀，海平面会抬升得更快。其他估计则表明抬升会变慢。海平面上升将导致加尔各答、孟买和达卡等沿海地区发生大洪水，荷兰也将不得不加高堤坝。两万年前，在最后一次冰期，海平面下降了 100 多米。随着海洋水位上升到目前的水平，我们从事狩猎采集生活的祖先一定失去了一些生活区，但他们不必处理现代世界用来支撑 80 亿人口的广泛基础设施。

对未来海平面的预测是基于渐进式变暖的估计做出的，但一些模型表明，情况可能会更加混乱。如果整个南极冰架变化过大，可能就需要考虑其中的非线性过程，它可能会大幅度升高全球温度，加速海平面上升。

詹姆斯·汉森是哥伦比亚大学的兼职教授，他发出了可怕的警告：如果不采取任何措施来减缓气候变暖，或者至少停止加剧气候变暖，那么灾难将迫在眉睫。他的观点引发了相当大的争议。他在 1988 年出席一场参议院关于能源和自然资源的会议时证实，人们高度相信人类产生的温室气体积累正在导致全球变暖。许多人认为，他的证词是引起国际社会对全球变暖关注的分水岭。当汉森还是 NASA 的一名雇员时，他受到了政府干预的审查，但科学界向政府施加了足够的压力来改变这种状况。2007年，阿尔·戈尔和联合国政府间气候变化专门委员会因在气候变化方面的出色工作而共同荣获诺贝尔和平奖，这标志着公众对全球变化的认可。

　　实际上，温室效应提供了一个全球平均的长期稳定背景。相比之下，危险的人为制造温室气体并没有凝结，而是在人类的时间尺度上持续在大气中积累（图 8-4）。地球离太阳足够远，如果我们的空气中没有水蒸气和其他温室气体，温度就将永远低于零摄氏度。水蒸气是温室效应的主要来源，使地球变暖约 30

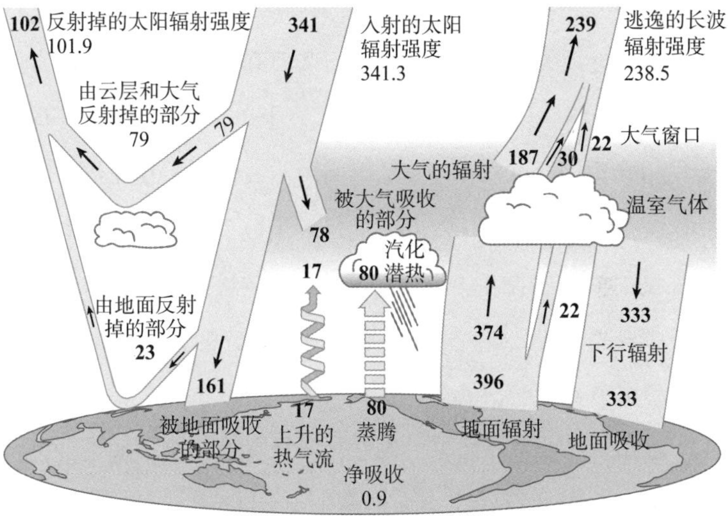

全球能量流动（W/m²）

102 反射掉的太阳辐射强度 101.9
由云层和大气反射掉的部分 79 79
由地面反射掉的部分 23
161
被地面吸收的部分

341 入射的太阳辐射强度 341.3
78
17 汽化 80 潜热
17 上升的热气流
80 蒸腾
净吸收 0.9
374
396 地面辐射

239 逃逸的长波辐射强度 238.5
187 30 22 大气窗口
大气的辐射 被大气吸收的部分
温室气体
22
333 下行辐射
333 地面吸收

图 8-4　温室气体的加热作用。地球接收自太阳的强度（瓦特每平方米）与反射和辐射回太空的强度相匹配，但大气温度受到吸收红外辐射的温室气体的影响

资料来源："Earth's Global Energy Budget," by Kevin E. Trenberth, John T. Fasullo, and Jeffrey Kiehl (*Bulletin of the American Meteorological Society 90*, no. 3) © 2009 American Meteorological Society。

摄氏度，但它在当前人类活动导致的大气温度升高中并不起主要作用。在人为加热的情形下，水蒸气确实起到了反馈因子的作用，它放大了二氧化碳、甲烷和一氧化二氮等不凝性气体增加带来的影响。当地球变暖时，即使是很小的一部分，大气层也可以保留更丰富的水蒸气。

除了主要成分氮和氧，地球空气中次常见的分子和原子依次是水、氩和二氧化碳。空气中氩占 1%，它是由钾的放射性衰变产生的。它的含量是二氧化碳的 20 倍，但作为一种惰性气体，它对气候、全球变暖及我们没有显著影响。

地球近地表的大部分碳都被石灰石和白云石等碳酸盐岩包裹着，而且它们只能在地质时间的尺度上（数百万年）与海洋和大气相互作用，可以在较短的时间内与我们发生相互作用的二氧化碳被保存在海洋中，其时间尺度为数千年或更短。大约有 93% 的二氧化碳存在于海洋中。二氧化碳迅速溶解在水中，与水反应形成碳酸，碳酸迅速电离形成碳酸氢根离子（HCO_3^-）和碳酸根离子（CO_3^{2-}），最终沉入海底。

碳循环还包括生物质，即动植物所持有的量，这个量仅占地表附近碳量的 0.04%。你可能认为这个量太小了，不会对大气温度产生任何影响。相比之下，地面上的二氧化碳非常重要，因为它会影响我们生活的地表温度。

几乎所有人都知道，向大气排入二氧化碳和甲烷是有害的，会导致全球气温上升。全球关注脱碳和结束对基于地质碳的能源和材料的历史依赖，这已经使人们担忧碳排放公司之间为帮助减少人类能源使用而交换的"碳足迹"和"碳信用"。国际政治也受到影响，大多数国家都在努力减少来源于工业和普通人口的碳排放。在一些国家，人们通过烧毁森林来开荒，增大农作物播种面积和牧场。这样做，你会损失两次碳：一方面，碳被排放到大气中；另一方面，森林的减少又使得通过光合作用将二氧化碳转化为游离氧的机会减少。

工业化国家排放了大部分的温室气体。中国、美国和欧盟排放的二氧化碳占世界来自化石燃料的碳排放的 1/2 以上。2016年签订的《巴黎协定》是联合国气候变化大会 196 个缔约方达成的一项协议，旨在稳定碳排放并将平均气温上升限制在约 1.5 摄氏度。美国在 2020 年退出了该协定，但在美国总统换届 107 天后又重新加入。《巴黎协定》的主要目标是在 2050—2100 年间将人类活动产生的温室气体排放限制在树木、土壤和海洋可以自然吸收的水平。这种平衡被称为"净零排放"。人们提出了许多想法来帮助我们实现净零排放。

作为一种脑力锻炼，我们可以想象一个温室气体发生极端变化的地球：大气中的温室气体含量为零。于是，我们很容易计算出这颗行星的表面温度，因为阳光会直接照射到地表而不会变暗。事实上，我们有一个现成的例子：月球。我们可以看看在没有大气层和零温室效应的情况下，阳光对月球表面的加热程度。计算给出的表面平均温度低于冰点。月球表面的实际温度范围从远低于冰点到高于1个大气压下水的沸点。中午的太阳会很热，但晚上会很冷，因为地面将能量全都辐射到黑暗的太空中，没有任何温室气体来阻止。月球上是没有生命的，实际上它没有大气层，没有液态水，也没有任何已知生物的自然宜居性。

地球大气中的碳在所有化学元素中是独一无二的，它受到全世界人民和政府的关注。人类正前所未有地将注意力聚焦到第六号元素，并花费数万亿美元来减少它对气候的影响，以便维持我们星球非凡的宜居性，并将地球保持为太阳系中独特的"花园星球"。地球是一个复杂的所在，了解其工作原理和预测其未来是一项艰巨的挑战。实现可靠预测的一个重要因素是对地球及其众多的相互作用过程进行详细的监测。全球监测方案的例子有NASA轨道碳观测站（OCO-2和OCO-3）、深碳观测计划（DCO），以及欧洲航天局的哥白尼计划。哥白尼计划将启动一个耗资数十亿美元的地球监测项目，名为"哥白尼人为二氧化碳监测"（CO_2M），该项目将涉及多个轨道航天器。

OCO-2处于极地轨道，从北向南运行，地球在其下旋转。OCO-3是OCO-2的一套备用仪器，安装在国际空间站上。二氧化碳、甲烷和氧气量的测量结果在时间和地点上均被记录，并绘制成图。例如，每隔几年发生一次的海洋变暖，即所谓的恩索（ENSO，厄尔尼诺和南方涛动现象的合称），或大的森林火灾的影响，均被记录下来，以便帮助我们了解全球的环境。

DCO有大气科学家、地质学家、地球化学家、矿物学家、海洋学家等参与。每个与碳有关的科学领域都有一名代表。正如其执行领导人罗伯特·哈森所描述的那样，DCO"致力于了解地球上碳从地壳到地核的数量、形式、起源和运动"。

DCO 的一个目标是找到所有含碳矿物。（在地球上，没有游离的碳原子。正如前面讨论的，游离的碳原子只存在于星际介质中。在地球上，所有固体形式的碳都与自身或与其他元素结合，形成矿物或化合物。）目前，有超过 403 种含碳矿物，其中有 100 多种已被预言但尚未发现。2015 年，哈森组织了一个名为"碳矿物挑战"的公民科学项目，以鼓励识别新的含碳矿物。这导致 30 多种新矿物的发现，其中包括陨石中的铁碳矿物"Edscottite"（以夏威夷大学的著名陨石研究学者埃德·斯科特的名字命名）。

正如人们经常暗示的那样，无论事情会变得多么糟糕，当前的全球气候变暖似乎不太可能导致世界末日，甚至我们星球上生命的灭绝。行星很难被摧毁，灭绝所有生命的情形在过去数十亿年中还没有出现过。植物和动物有点儿脆弱，但微生物的生命是强健的。一旦一个星球被微生物占据，就需要极端的过程才能对其进行全球性灭杀。生命可能会在人类对我们星球所造成的任何程度的破坏中幸存。生命的终结，甚至地球的终结，最终都会到来，但这只会发生在遥远的未来，那时，我们已经理解在这一进程中，太阳将不可避免地变得更亮、更大。

地球生命过去经受住了气候变化的考验，尽管也有几次非常严重的大规模灭绝事件。恐龙在比现在更温暖、更富含碳的空气中生活了近 2 亿年，它们曾演化到能在中生代的环境中茁壮成长。它们的灭绝是因为一块直径 10 千米的岩石从太空飞来偶然撞击地球引发的环境变化，这一事件导致当时地球上 75% 的动物物种和所有体重超过 25 千克的四肢动物的灭绝。地球上还发生过更严重的大规模灭绝事件，但生命仍然存在。早在 5 亿年前，即第一批恐龙出现之前，大气中的二氧化碳含量是现在的 10 倍以上。在这种极端的温度和二氧化碳变化的条件下（发生在"雪球地球"事件期间），生命依然设法幸存了下来。

第 9 章

碳的出处

我们的银河系是一个巨大的产碳工厂。恒星形成的过程可以在不同区域爆发式进行，最终的结果是产生更多的碳和其他重元素。这一过程仍在进行中，但恒星形成的高峰期出现在银河系历史的早期。从一本关于碳的书的角度来看，我们主要的兴趣点是恒星核心中碳的产生及其在恒星和星际介质之间的循环。

星系是由数千颗到超过一万亿颗恒星组成的集合，它们通过引力结合在一起。如前所述，作为天文学家，埃德温·哈勃首次证明了，我们在望远镜中看到的那些微弱的星云其实是银河系外的其他星系。他根据它们的形状画了一张图。我们生活在一个中等大小的棒旋星系中，确切地说是处在一条旋臂中。这很难通过推断得出，因为我们身处其中，就像透过树林很难看到整片森林。

在北半球肉眼可见的最明显的星系是仙女座，即M31（图9-1）。它是你用眼睛能看到的最遥远的天体，你看到的光要花

250万年的时间才传播到这里。天文学家沃尔特·巴德能够以高分辨率观测M31,[1] 他意识到该星系内的恒星可以分为不同的恒星群——旋臂中的恒星被命名为"星族I",星系核中的和星系盘外围晕圈中的恒星被命名为"星族II"。

图9-1 仙女座星系,银河系的伴星系。在黑暗的天空中用肉眼很容易看到它,它是肉眼能看到的最遥远的天体

资料来源:David (Deddy) Dayag via Wikimedia Commons (CC BY-SA 4.0)。

我们的银河系在宇宙历史的早期就开始形成。最初,它是一个由气体和恒星组成的受引力束缚的物质团,随着与其他大大小小的星系并合,它积累了大部分新的质量并增大。目前银河系仍在吸积附近的小星系,几十亿年后,我们将与正朝这边来的仙女座合并。

随着银河系变平，它变得更像一个圆盘，一些恒星被抛在后面，形成一个球状的"晕"，包含数千颗恒星的球状星团就是在银晕中形成的。第一个可以分辨出单颗恒星的球状星团是M4。它在心宿二恒星附近，肉眼可见。球状星团里的恒星形成于银河系诞生之时，或是从外部星系吸积而来，星龄基本一致。这些是星族II恒星，它们所含的碳、铁和其他重元素要比星族I恒星（如我们的太阳）少得多，大约仅为后者的千分之一。它们之所以缺乏重元素，是因为在下述过程之前就形成了：元素在恒星中形成，并在恒星消亡后不断循环回到星际介质中，从而在银河系中积累起这些重元素。另一组恒星是"高速"恒星，它们以每秒高达 100~200 千米的速度掠过太阳系。它们来自银晕的各个方向，而不是来自银盘；现在，它们被认定为星族II恒星。

有一组恒星甚至比星族II恒星还要古老，自然被标记为星族III。它们不含比氢和氦重的元素，因此也没有碳。直到 2023 年年中，人们还没有发现一颗纯的星族III恒星，只发现了几乎不含碳的恒星。这些恒星被标记为贫金属星，人们只在银河系外观测到少数几颗这样的恒星。2022 年 NASA 投入运行的詹姆斯·韦伯太空望远镜有一个重要目标，就是要发现星族III恒星。这台新的太空望远镜正在彻底改变我们探索最遥远、最早形成的天体的能力。

在 2023 年年中，有三个天文学家团队采用不同的技术报告了似乎是星族III恒星的第一个证据。詹姆斯·韦伯太空望远镜进行了两次探测，观察到红移非常大的星系（这意味着它们形成于宇宙早期），并发现了仅由氢和氦组成的恒星。地面射电望远镜运用非常间接的方法进行第三次观测，结果支持了同样的结论。

由于宇宙的膨胀，如第 1 章所述，观察点到星系的距离可以从其光谱中得出。星系的红移是指其光谱线向红端移动，使得观察到的波长要比它静止时的波长长。银河系中恒星的红移很小，因为它们退行的速度不是很快。遥远的星系有较大的红移——在某些情况下，红移要大得多。红移的值可用 z 来表示，z 的定义为：

$$z = （观测波长 - 静止波长）/ 静止波长$$

到目前为止观测到的最高 z 值为 13.27，这意味着这个星系离我们如此之远，以至于我们看到的是它在大爆炸后仅 3 亿年时所发出的光。

首批观测到的这些恒星质量高达太阳质量的几百倍。正如第 1 章所述，大质量恒星的寿命很短，因此这些恒星很快就爆炸成超新星，并在这个过程中产生新的元素。当宇宙变得足够凝聚和寒冷时，可能会形成分子。我们不知道这是什么时候发生的，但天文学家使用詹姆斯·韦伯太空望远镜，在大爆炸后 15 亿年形成的星系中检测到了第 2 章所述的多环芳烃。据推测，第 5 章中描述的更复杂的分子也在那时产生。詹姆斯·韦伯太空望远镜的设计目的是研究恒星形成的最早期历史，预计持续的研究将为碳和其他重元素的首次形成提供深刻的见解。

除了恒星，星系还可以包含黑洞——质量非常大的黑洞。第二次世界大战后，射电望远镜被开发出来，用以在射电波段探测太空。英国剑桥大学的天文学家进行了几次全天巡天，发现了几个未知的射电源。起初，由于射电望远镜的空间分辨率非常有限，发现的射电源很难与光学可观测源联系起来。20世纪50年代初，人们发现了一些神秘的射电源，它们被称为类星体（QSO），也被称为"类星射电源"（图9-2）。我们将同时使用这

图9-2　这张照片是由哈勃空间望远镜的宽场行星相机2号（WFPC2）拍摄的。3C 273很可能是最古老、最明亮的类星体，它位于室女座的一个巨大椭圆星系中。这是有史以来第一个被确认的类星体，由天文学家艾伦·桑德奇发现

资料来源：ESA/Hubble and NASA。

两个名称。它们的光谱很神秘，与科学家所知的任何元素的光谱都对应不上。

艾伦·桑德奇是类星体科学领域的先驱之一。20 世纪 50 年代初，当桑德奇还是加州理工学院的研究生时，爱德华·哈勃就聘请他为助理，帮助进行观测。那时没有像现代手机、相机和望远镜这样的数字成像仪，天文学家使用的是玻璃照相底板，必须在暗室中冲洗。这也是桑德奇被聘用的原因之一。在此过程中，他学会了观察微弱的恒星和星系。

1963 年，桑德奇（图 9-3，上图）是第一位意识到射电源 3C 48 与一颗貌似恒星的天体有关的天文学家。[2] 它有神秘的发射线，与常规恒星的普通吸收线不同。通常，恒星的光谱中，特定波长被气体吸收处是暗的；而发射线是明亮的，通常由比正常气体更热的气体引发。桑德奇不知道这个射电源是什么。三年后，另一个类星体 3C 273 被确定为类星体，它的发射线模式与 3C 48 相同。但这一次，天文学家马尔滕·施密特（图 9-3，下图）意识到其光谱是氢光谱，只是红移到了更长的波长位置。这种红移表明，3C 273 正以每秒 4.7 万千米的速度离我们而去，这个速度相当于光速的 15%。没有其他已知的射电源可以运动得这样快。随后，具有自己的氢光谱的 3C 48 被发现以每秒 9.2 万千米的速度移动，其速度为光速的 37%。类星体的光谱总是向长波一端移动。

类星体的光谱显示出发射线，这意味着形成它们的气体

图 9-3　艾伦·桑德奇（上图），马尔滕·施密特（下图）

资料来源：美国华盛顿卡内基研究所（上图）；《时代》杂志封面，1966 年 3 月 11 日出版（下图）。

比正常情况下更热。碳被高度电离到 C IV 的能级，6 个电子中失去了 3 个。只有当形成这些线的气体比太阳的"表面"热得多时，才会发生这种情况。其他元素也同样被电离，实例包括 O VI（氧）、Si IV（硅）、Fe II（铁）和 Mg II（镁）。

一路上，来自类星体的光穿过星系际云形成吸收线。这些特征线的红移总是比类星体的红移要小，这个事实告诉我们，这些星系际云离我们没有类星体那么远。同样，碳再次被高度电离，进入 C IV 状态。这些云被超新星加热。

最初，许多天文学家对于射电源能移动得如此之快表示怀疑。随着时间的推移，大多数科学家都同意这样一个解释：类星体是以非常高的速度移动的神秘物体。根据著名的哈勃定律，一个天体离我们越远，它离开我们的速度就越快。它们的高速是由于宇宙的膨胀，这意味着它们是极其遥远的天体。它们的能量非常高，其固有亮度是恒星的数千倍。

通过细心观察并借助巨大的望远镜，天文学家了解到，只有大约 10% 的类星体是强射电源。现在，类星体星表包含了50 多万颗类星体，它们在天空中无处不在。2021 年观测到的创纪录红移为 7.642，这表明这个星系在大爆炸后 6.7 亿年就已经形成。

望远镜还发现，类星体位于暗星系的核心。类星体比周围的恒星和星云亮得多，所以天文学家首先看到的是类星体而不是它周围的东西。

让我们总结一下：类星体是强大的射电波段和可见光波段发射源；它们处在星系中；它们很小；它们的生命始于宇宙大爆炸之初不久，当时形成了第一批星系。在科学家看来，唯一可以做到这些的实体只有黑洞。事实上，对较近的大质量星系（包括我们所在的星系）的观测结果，证实了类星体是星系内黑洞的解释。[3] 它们的质量巨大，是太阳质量的 100 万倍或更多。大多数天文学家称它们为超大质量黑洞，而不是第 1 章中描述的恒星质量黑洞。在星系中心观察到的类星体辐射不是来自黑洞，而是来自落入黑洞的物质。不论任何东西，甚至是光，一旦它到黑洞的距离小于"事件视界"，就无法逃脱黑洞的巨大引力。小说和电影描述了黑洞如何吞噬被吸入的一切：碳原子、尘埃、行星、恒星和星际气体等。黑洞是一种神奇的方式，可以完全摧毁碳原子，并有效地将其从宇宙中清除。

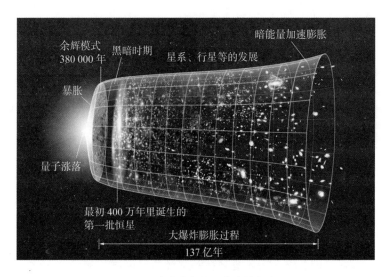

图 9-4　宇宙大爆炸和宇宙的膨胀

资料来源：NASA/WMAP Science Team。

碳：从开始到无限

现在，我们可以来欣赏宇宙和第六号元素的全面演化过程。宇宙大爆炸刚刚结束时，宇宙很年轻，只有氢和氦，基本上没有碳，更没有比锂重的原子。随着时间的推移，宇宙冷却下来，变得不那么致密，同时发生一系列变化。在最初的一段时期，宇宙非常热，以至于许多原子被电离。由于原子可以吸收光子并失去电子，因此宇宙对于可见光是不透明的，物质与光发生强烈相互作用；光与物质相互耦合。几十万年后，当温度降至约 3 000 摄氏度时，宇宙终于变得对光透明。在此之后，光与物质很少相互作用。这一时期的光已经红移到微波射电波段，这种波于 1965 年首次被探测到，被称为宇宙微波背景辐射。这种充满天际的射电噪声提供了第一个确凿的证据，证明宇宙大爆炸已经发生。

在宇宙变得透明之后，宇宙中充满了红光；但在持续膨胀和冷却之后，光红移到人眼无法看到的波段。宇宙进入"黑暗时期"，这时既没有大爆炸遗留的可见光，也没有新的光源产生光。经过至少数亿年的时间，条件终于合适了，物质在引力作用下开始坍缩，形成恒星和星系。恒星照亮了宇宙，它们炽热内核中的核反应产生了包括碳在内的新元素。一些元素回到太空，形成新一代恒星及其行星。随着时间的推移，碳、氧、硅、镁和铁等元素变得足够丰富，足以形成像地球这样的适合生命起源或至少能使生物生存数十亿年的类地行星。

黑暗时期在 100 亿年前结束。从那时起，宇宙一直在不断制造恒星、行星、碳以及其他元素。这个令人兴奋的过程仍在持续，但不会永远地持续下去。恒星的寿命受到可用核燃料的限制。随着时间的推移，新恒星取代旧恒星的形成率会降低，因为随着宇宙的老化和持续膨胀，物质密度会下降。随着时间的推移，恒星的数量下降。像太阳这样的恒星大约能够持续存在 100 亿年，核心的氢才会耗尽，届时它将无法制造氦来产生能量并保持恒星的稳定。质量越大的恒星"燃尽"得越快，质量越小的恒星可持续存在的时间越长。质量最小的恒星只有太阳质量的10%。这些恒星的亮度远低于太阳，其核心产生的核能大约可以让其存活 10 万亿年，比目前宇宙的年龄还要长 100 多倍。只有其质量超过太阳质量一半的恒星才具有足够热的核心来制造碳，而且它们的寿命不到 200 亿年。

随着宇宙时的推移，恒星形成的速度下降，最终恒星的质量大到足以使碳停止形成。这将真正成为宇宙碳预算的分水岭。碳已经被制造了数十亿年，它在宇宙中的总丰度也在增长。在宇宙大爆炸后的138亿年里，宇宙中碳原子的数量从零增加到氢原子数量的0.03%左右。与氢相比，这种令人惊叹的元素仍然很罕见，而且永远不会比现在更多，但它的积累已经使我们得以存在，并产生了本书中描述的所有奇迹。当能制造碳的恒星不再形成时，随着宇宙向难以想象的未来发展，如果宇宙继续膨胀，碳的宇宙丰度将下降。（膨胀速度甚至在加快。）碳和其他形式的物质之所以都会减少，部分损失还在于恒星、行星、星际物质甚至宇宙射线都会落入黑洞，因为黑洞的引力太强，连光线都无法逃脱。所有落入黑洞的物质都被一个真正的自然怪物吞噬了。原子，甚至核子，在增加这个怪物的质量时都失去了它们的身份。像我们银河系这样的星系，其中心就包含巨大的黑洞。这些黑洞就像宇宙的真空吸尘器一样，吸收并破坏离得太近的物质。

宇宙在遥远的未来会耗尽。随着时间向永恒迈进，宇宙将成为一个陌生、黑暗的地方，没有发光的恒星，其空间里的一切将变得越来越孤立。我们人类很难理解"永远"这个概念。在非常遥远的未来，质量最小的恒星将单独存在一段时间，而且只有它们是昔日荣耀的暗淡代表。随着衰退的进行，昏暗的恒星之光将慢慢消退，最终达到恒星燃尽或更糟糕的终态。随着大质量恒星的演化，它们会爆炸后剥离质量，留下星核，然后成为黑洞、中子星或白矮星，具体成为什么取决于恒星的初始质量。那些质量超过太阳质量 20 倍的恒星会演化成核心坍缩的超新星，并产生黑洞。质量较小的恒星变成中子星或白矮星。被爆炸吹到太空中的物质将成为星际介质。这些逃逸的物质将以原子、分子或宇宙尘的小颗粒等形式，含有并保存碳。这种物质中有一些可以在真空中几乎永远存在。

留在大质量恒星星核里的碳会在黑洞或中子星形成时被破坏。在超高密度的中子星中，大多数以前存在的原子都被完全转化了，留下的几乎是纯质量的中子——一种巨大的、非同寻常的核物质。中子星具有恒星的质量，但其体积非常小，密度非常大。它们是宇宙中密度最大的天体，直径只有大约 10 千米。我们的星系中就包含大约 10 亿个这样的中子星。当大质量恒星的内部条件变得如此极端，以至于质子和电子结合形成中子（不再有带电荷的粒子）时，中子星就形成了。质量超过太阳质量 1.4 倍（这个质量被称为钱德拉塞卡极限）的恒星在其晚期会发生爆炸，质量较小的恒星则会形成持续时间不确定的白矮星。对于质量小于钱德拉塞卡极限的恒星，其晚期的密度会变得如此之高，以至于电子填充了所有可用的能态，并进入"简并态"，这时量子力学效应将使它们能够提供足够的压强（电子简并压强）来支撑恒星抵抗自身的引力。这种状态与温度无关，因此恒星基本上可以永远保持稳定，无论它变得多么冷。

白矮星也是质量较小的恒星的最终状态。这些恒星不会坍缩形成黑洞或中子星，其质量小于钱德拉塞卡极限。它们源于经历了完整核元素生产阶段的恒星。目前，超过 97% 的恒星最终都将成为白矮星，而体积被压缩到地球大小，仍具有恒星质量的天体将作为之前恒星的墓碑而永存。最常见的白矮星主要由碳和氧组成，当它们形成时，它们的表面温度可以超过 10 万摄氏度，但随着核反应的耗尽，它们会慢慢冷却并变得较暗。最终，它们发出的光会变得过于微弱而无法探测到，可以被看作黑矮星。宇宙还很年轻，看不见的黑矮星还没有形成。白矮星会冷却到这样一个状态，其内部结晶并形成钻石。想象一下，我们奇妙的碳元素，最终在看不见的黑矮星冰冷的内部变成了巨大的钻石。

为了从地球的角度思考宇宙演化和碳的命运，让我们考虑一下 1772 年拉瓦锡夫妇在他们著名的钻石实验中烧毁的碳原子会发生什么变化。他们用一个硕大的"燃烧透镜"将阳光聚焦到一个点上来燃烧钻石，发现产生的不可见气体的质量与燃烧中消失的钻石质量完全相等。这些具有里程碑意义的实验导致了碳和氧被命名，极大地推进了我们对原子的理解，并标志着化学作为一门科学事业出现。

拉瓦锡密封燃烧实验中的一些二氧化碳最终回到了大气中。气体分子很小，实验中产生的气体分子差不多有一万亿乘一万亿个。它们去了哪里？答案是大多数溶解在海洋中，有些从空气中被带走，形成了植物，有些变成了贝壳，有些则进入碳酸盐岩。有许多碳原子留在大气层中，即使是在两个世纪后，你也会一直吸入拉瓦锡实验中的碳。实际上，你的体内含有一些来自拉瓦锡燃烧的钻石的碳原子。原子真的很小。12克的钻石略少于一茶匙，含有 6.02×10^{23} 个原子（这个值称为阿伏伽德罗常数）。如果将其均匀分布在地球表面，那么每平方米将含有 10 亿个来自拉瓦锡燃烧的钻石的碳原子。

未来会怎样？地球正在进行的碳循环将持续到太阳最终变得如此明亮，以至于生物驱动和板块构造驱动的碳循环都将停止。最终，我们的海洋和大气将消失，其中的碳将流入太空。在太空中，它将被电离，并加入太阳风向外流动，以每秒数百千米的速度将释放的碳原子逐出太阳系。无论环境变得多么恶劣，我们星球的大部分碳都将留在硅酸盐地幔和铁芯中。如果地球在太阳的晚期演化中幸存下来，那么这些碳将永远被困在我们这颗围绕死恒星运行的、不断冷却的冰冻行星中。

尽管这听起来很糟糕，但地球的实际命运可能更糟，或者至少是完全不同，这取决于你对遥远的未来可能会更好还是更糟的看法。地球形成并居住在太阳系的黄金地段，那里的太阳能加热到恰到好处，因此我们的海洋从未完全冻结或蒸发。当然，这片区域被恰当命名为宜居带。正如我们所看到的，生活在离恒星过近的地方会带来可怕的后果，因为恒星提供的温暖和光照过强。当太阳进入红巨星阶段时，在其生命最后 10% 的时间里，它将变亮数千倍，并膨胀到接近地球轨道。所有在宜居带蓬勃发展的行星最终都会在恒星进入老年时被煎烤。火星和其他行星可以在红巨星太阳的高温下生存，但地球可能不行。地球最终可能会进入太阳，而金星和水星肯定会进入太阳。地球正好处于这个危险区的边缘，但人们相信地球的引力会在严重膨胀的太阳上产生潮汐"隆起"，从而使地球被拉向太阳，向内螺旋地滑向太阳，直到进入太阳大气层。地球目前的轨道速度为每秒 30 千米，以这种高速与太阳边缘的气体摩擦，将使我们的星球完全气化为单个原子。实际上，红巨星太阳的表面温度比地球内部的温度低——地球不会被来自太阳的高温和强光杀死，而是被与太阳大气层中原子的高速碰撞所产生的能量杀死。

故事到此结束了吗？不！在地球进入太阳后，温度会上升到所有分子都分解成单个原子的程度。红巨星如此明亮和膨胀，以至于其很大一部分物质流入太空时，就会发生这一幕。这种由垂死的恒星喷出物质的现象在天文学上很常见，喷出的物质将产生一些有史以来用望远镜拍摄到的最壮观的图像。我们星球上珍贵的碳原子很可能会全部被喷射回太空，同时太阳上的物质也会向外流动，逃离这颗恒星。它们将融入银河系的星际介质。其中一些原子最终会进入黑洞，还有一些会参与形成新的恒星和行星。有些甚至可能被扫出我们的星系，进入另一个星系，或者被困在几近真空的星系际介质中。

想象一下，我们珍贵的碳原子库中至少有一些可以循环数万亿年，成为未来的多颗恒星、行星，甚至可能是生物体的一部分，并最终消逝在未来演化的深时，宇宙演化将走向无限，多么引人入胜！这是大多数人类难以想象的方向。在天文学家看来，地球上的碳原子将在相当长的一段时间内持续被回收，这是令人欣慰的事。（如果我们出生在火星上，那么我们珍贵的碳原子将会处在一个能够在红巨星阶段存活下来的天体内，但随后几乎会被永远锁在这个缓慢冷却到绝对零度的天体内。）

　　天文学家几乎每天都要处理时间跨度为数十亿年的问题，并对深时的概念变得更加熟悉。但是，当许多人想到宇宙的浩瀚和时间的无尽伸展时，他们会感到不安，这是很自然的。人类无法控制自然界最长的路径，但我们可以感到安慰和相当满意的是，我们已经达到了能够很好地理解自然界运作机制的地步，能够理解像碳元素这样的迷人主题的基本细节，无论是对于我们宇宙的过去还是对于其遥远的未来。我们之所以能有这种令人欣慰的态度，应归功于拉瓦锡夫妇、弗雷德·霍伊尔、路易·巴斯德、埃德温·哈勃、罗莎琳德·富兰克林、克莱尔·帕特森、约瑟夫·傅里叶、哈罗德·克罗托等人的分水岭式贡献。也许要思考碳和宇宙中其他一切的遥远命运，最好的方法就是思考这句最常被归于伍迪·艾伦或史蒂芬·霍金的名言："永恒是一段可怕的漫长时间，尤其是在接近尾声的时候。"

第 1 章　碳的发现、起源和扩散

1. 通常，铀被认为是最重的天然元素，但事实并非如此。宇宙中还有更重的超铀元素。我们知道，行星形成时太阳系中就有天然钚（94 个质子），尽管它已经衰变。极少量的钚，也许还有超铀元素镎和锔，也被认为是在当今的铀矿中自然产生的。

2. "大爆炸" 这个称呼最早是在 20 世纪 50 年代由一个不相信存在这种情形的人说出来的，这是一个流传至今的笑话。这个不相信 "大爆炸" 存在的人就是弗雷德·霍伊尔爵士，一位著名且重要的英国科学家，他经常出现在有关大爆炸的讨论页面上。霍伊尔认为宇宙是永恒的，没有开始也没有结束。宇宙学家、天主教牧师乔治·勒梅特于 1931 年提出了宇宙起源于单一事件的观点。

3. 伽莫夫喜欢双关语。他在确定 1948 年发表在《物理评论快报》期刊上的划时代论文《化学元素的起源》的作者名单时，仍沉迷于双关语，将没有参与这项研究的作者汉斯·贝特的名字也拉了进来，凑成Alpher、Bethe和Gamow。伽莫夫加上Bethe这个名字纯粹是为了双关，因为这样一来三个人的名字可以对应于希腊字母表的前三个字母α、β和γ。实际上，这项研究是阿尔弗（Alpher）的博士论文。

4. 你在图片、海报或网上看到的许多优美的天文图像都显示了恒星形成区域：气体云和星云。这些气体云和星云的明亮颜色来自发出不同波长可见光的原子、离子和分子。值得注意的是，氢是最丰富的元素，在光谱的红端有很强的发射线。

5. 尽管她有博士学位，声誉也不断提高，但她在哈佛大学的头衔是"技术助理"。当时女性在学术界仍然处于次要地位，不被允许成为哈佛大学的教授。直到 1934 年，她才被任命为教授，并担任哈佛大学天文学系主任。这位女士彻底改变了我们对宇宙的看法，她在哈佛大学是保罗·霍奇的论文指导教师，也是许多天文学家（包括本书的作者之一唐·布朗利）的论文指导教师。她还曾为哈佛大学学生杰西·格林斯坦提供了指导性论文建议，格林斯坦是加州理工学院天文学系学生乔治·沃勒斯坦的论文指导教师，而沃勒斯坦则是本书第一作者（西奥多·斯诺）的论文指导教师。

第 2 章　碳的化学：为什么它如此特殊？

1. 在美国，由于新的法规，如《联邦危险物质法》(1960

年）、《儿童保护和玩具安全法》（1969年）、《消费品安全法》（1972年）和《美国有毒物质控制法》（1976年）等的颁布，老式的化学套装已经消失了。

2. 物理学家通常用"轨函"（orbital）或"壳层"（shell）来代替"轨道"（orbit），以表明电子的运行轨道不在一个平面上；相反，这些轨道可以是球形的，形状像叶瓣，或者以其他构型出现。此外，在量子物理学领域，我们不能确切地说出电子在任何给定时刻的位置，而是改为分配一个概率，其结果就是我们所说的"电子云"。你离得越近，物理学就越混乱。

3. 还有金属键。顾名思义，它存在于最外层电子可以自由移动的金属中。这就是铜线等导电材料的工作原理。

4. 搞笑诺贝尔奖每年由哈佛大学和麻省理工学院颁发，是对真正的诺贝尔奖的讽刺。这两项海姆都获得过。

5. 巴克敏斯特·富勒是一位未来主义者，同时也是一个真正多才多艺的杰出人物——他是建筑师、发明家和工程师。他发明了短程线穹顶，这是一种非常稳定的平板排列方式。这种有60个碳原子的新分子很自然地以他的名字命名。

第3章　地球和太阳系中的碳

1. 开普勒也是一位占星家。占星术与天文学的区别在当时几乎没有人注意到。也许占星家赚的钱比哲学家（当时对科学家的称呼）还多。

2. 顾名思义，半衰期就是物质衰减到还剩一半所需的时间。例如，如果你开始时有 1 千克 ^{14}C，那么经过 5 730 年后，你拥有的 ^{14}C 就只剩下 1 千克的 1/2。请注意，剩余的 ^{14}C 仍然具有放射性。再过 5 730 年，将只剩下 1/4 千克的放射性 ^{14}C，再过 5 730 年，仅剩 1/8 千克，以此类推。

3. 有些人不喜欢冥王星从行星降级为矮行星，尤其是生活在美国新墨西哥州拉斯克鲁塞斯的人。汤博是新墨西哥州立大学的教员，每年 2 月 18 日，也就是宣布发现冥王星的这一天，他都会庆祝冥王星生日。

第 4 章　碳与地球和其他地方的生命

1. 霍尔丹是一个有趣的人。他有着英国贵族的富裕背景，更不用说求学时上的是最好的学校了。但他逐渐成为一名社会主义者，随后又成为共产主义者。

2. 到目前为止，大多数星际分子是通过它们的无线电频谱被发现的。到目前为止，人类发现的 250 种（还在不断增加）星际物质中，大多数都是碳基的。一个突出的例子是乙醇，它更广为人知的名字是酒精。

3. 早在 1726 年，乔纳森·斯威夫特就在他的《格列佛游记》中，将火星描绘成有两颗小卫星围绕着它运行的行星，这激发了许多科幻小说的灵感，但只是凑巧而已。

4. 这个时机并非偶然。该航天器首次进入火星轨道，不久后（1976 年）着陆器着陆，几乎正好是在美国 200 岁生日。

第 5 章　银河系中的碳

1. 早在第一批人造卫星进入轨道之前，哈勃空间望远镜就已经被设想好了。1946 年，莱曼·斯皮策提出在大气层上方架设望远镜，可以捕捉紫外波段的图像和光谱。哈勃空间望远镜是以发现宇宙膨胀的天文学家埃德温·哈勃的名字命名的。它本该以斯皮策的名字命名，但斯皮策在 1990 年空间望远镜发射时还活着，而 NASA 有一条原则，即航天器不能以活人命名。1997 年斯皮策去世后，另一台轨道红外望远镜就以他的名字命名：斯皮策空间望远镜。

2. 正离子是缺失一个或多个电子的带电原子。中性碳原子有 6 个电子，但在天文环境中，紫外线或高温会导致电子丢失，脱离原子核的束缚。忽略掉负离子，碳总共有 6 种离子，加上中性原子，形成了 7 种可能的碳。天文学家用 C I（中性原子）到 C VII（6 个电子全部缺失的原子，只存在于极热的气体中）来标记这 7 种碳的可能状态。化学家使用不同的术语：C、C^+、C^{2+}、C^{3+}、C^{4+}，但在正常的实验室环境中看不到高度电离的碳原子。

3. 请注意，它们大多含有碳。

4. 多环芳烃简写为PAH，我们将在本章稍后再次见到它们。

5. 这就是上面描述的巴纳德对暗星际云的观测结果。并不是每个人都有以他们的名字命名的恒星；你必须做出某种特别的贡献，比如发现星际介质。

第6章　碳有什么用处？

1. 漏油事件已经成为传说，甚至到了给民歌作家提供灵感的地步。几次漏油事件促使民谣歌手史蒂夫·福伯特在1979年录制了《石油之歌》："这是石油，石油，漂向大海。这是石油，石油。不要在车站买。你可以免费得到它。只要来到曾经有水的海岸线。"

2. 由于金丝雀的高代谢率、快速呼吸和对一氧化碳的敏感性，它们过去常常被带进矿井，在矿工中毒之前死亡，以此警告矿工有毒气体的积聚。幸运的是，现在金丝雀已经被电子监视器所取代。

3. 你能通过吃芹菜来减肥吗？芹菜的纤维素含量很高，以至于吃芹菜所获得的能量少于消化它所需的能量。当然，大多数其他食物都表现出相反的趋势。

4. 在20世纪80年代，罗纳德·里根有时被称为"特氟龙（不粘锅）总统"，因为他几次侥幸逃过丑闻；它们好像就是无法粘在他身上。

第 7 章　钻石

1. 第一个大钻石矿场位于南非金伯利镇附近，因此"金伯利岩"是含钻石岩石的名称。

2. 这相当于 2023 年的 1 500 多万美元。

3. 至今仍广泛使用的莫氏硬度标是由德国矿物学家弗里德里希·莫斯于 1812 年设计的。如果一种矿物能够在另一种矿物上留下划痕，就意味着前者比后者更硬。这个标度是有序的，但相当非线性。在绝对尺度上，钻石（10 级）的硬度几乎是蓝宝石（9 级）硬度的 4 倍，大约是滑石（1 级）的 1 500 倍。

第 8 章　大气、气候和宜居性

1. 顺便说一句，有趣的是，火星也有碳的短期循环，但原因与地球不同。在火星的一年中，极地地区变得如此寒冷，以至于大气中 40% 的二氧化碳冻结成干冰。然后，当火星的冬天变成春天时，它便升华回到空气中。

第 9 章　碳的出处

1. 当巴德在加利福尼亚州帕萨迪纳的威尔逊山上观察天空时，第二次世界大战正在进行。加利福尼亚州南部因为担心日本船只的轰炸而关闭了所有照明灯。由于巴德既有瑞士血统又有美国血统，因此他被禁止在美军服役。这样一来，他有很多黑暗的夜晚可以用 100 英寸的胡克望远镜观察仙女座。他在威尔逊山天文台的工作也使人们对与其他星系的距离有了相当多的了解。

2."3C"表示它来自第三版剑桥大学射电源表。

3.人马座有一个黑洞。它位于银河系的中心，黑洞的确切位置被称为 Sgr A*。我们只能看到它周围的气体和恒星，也只能通过射电波段和红外波段来观察它。来自 Sgr A* 的所有可见光都被介入的气体和灰尘阻挡。通过分析恒星在黑洞周围的运动，天文学家可以推断出黑洞的质量。它的质量是太阳质量的 360 万倍，这是一个超大质量黑洞，但至少目前它还不是类星体，因为它的质量或质量流入不足以产生类星体级的功率。2022 年 5 月，事件视界望远镜（EHT）联盟使用遍布全球的射电望远镜对黑洞 Sgr A* 进行成像。这张神奇的甜甜圈状图像是由射电波拍摄的，它的路径因巨大的黑洞引力而弯曲。

参考文献

第 1 章

1.1 West, John B. "The Collaboration of Antoine and Marie-Anne Lavoisier and the First Measurements of Human Oxygen Consumption." *American Journal of Physiology—Lung Cellular and Molecular Physiology* 305, no. 11 (2013): L775–85.

1.2. Eagle, Cassandra T., and Jennifer Sloan. "Marie Anne Paulze Lavoisier: The Mother of Modern Chemistry." *Chemical Educator* 3 (1998): 1–18.

1.3 Bohning, James J. "The Chemical Revolution." *American Chemistry Life* (1999). https://www.acs.org/content/dam/acsorg/education/whatischemistry/ landmarks/lavoisier/antoine-laurent-lavoisier-commemorative-booklet.pdf.

1.4 Wertime, T. A. "The Discovery of the Element Carbon." *Osiris* 11 (1954): 211–20.

1.5 Harwit, Martin. "Ralph Asher Alpher." *Physics Today* 60, no. 12 (2007): 67.

1.6 Hoyle, Fred. *Home Is Where the Wind Blows: Chapters from a Cosmologist's Life.* Mill Valley, CA: University Science Books, 1994.

1.7 Wolchover, Natalie. "A Primordial Nucleus behind the Elements of Life." *Quanta Magazine*, December 4, 2012.

1.8 Eid, Mounib El. "The Process of Carbon Creation." *Nature* 433, no. 7022 (2005): 117–19.

1.9 Burbidge, E. Margaret, Geoffrey Ronald Burbidge, William A. Fowler, and Fred Hoyle. "Synthesis of the Elements in Stars." *Reviews of Modern Physics* 29, no. 4 (1957): 547–650.

1.10 Burbidge, Geoffrey. "Hoyle's Role in B^{2}FH." *Science* 319, no. 5869 (2008): 1484.

1.11 Kippenhahn, Rudolf, Alfred Weigert, and Achim Weiss. *Stellar Structure and Evolution.* Berlin, Heidelberg: Springer Berlin Heidelberg, 2012.

1.12 Gelling, Natasha. "The Women Who Mapped the Universe and Still Couldn't Get Any Respect." *Smithsonian Magazine.* September 18, 2013. https://www. smithsonianmag.com/history/the-women-who-mapped-the-universe-and -still-couldnt-get-any-respect-9287444/.

1.13 Sobel, Dava. *The Glass Universe.* New York: Penguin Books, 2017.

第 2 章

2.1 Shuttleworth, Martyn. "Islamic Alchemy." Explorable. November 23, 2010. https://explorable.com/islamic-alchemy.

2.2 Elsergany, Ragheb. "Muslims and the Invention of Chemistry." Islamastory.com. https://islamstory.com/en/artical/23561/Muslims-Invention-Chemistry.

2.3 Scerri, Eric R. *The Periodic Table: A Very Short Introduction.* Vol. 289. Oxford, UK: Oxford University Press, 2011.

2.4 Scerri, Eric R. *The Periodic Table.* New York, Oxford: Oxford University Press, 2006.

2.5 Massimi, Michela. "Pauli's Exclusion Principle: The Origin and Validation of a Scientific Principle." In *Pauli's Exclusion Principle: The Origin and Validation of a Scientific Principle.* Cambridge: Cambridge University Press, 2005.

2.6 Pauli, W. "Über den Zusammenhang des Abschlusses der Elektronengruppen im Atom mit der Komplexstruktur der Spektren." *Zeitschrift für Physik* 31 no. 1 (1925): 765–83.

2.7 Dingle, Adrian. "Explainer: What Are Chemical Bonds?" ScienceNewsExplores. April 29, 2021. https://www.snexplores.org/article/explainer-what-are-chemical -bonds.

2.8 Coapinto, John. "Material Question. Graphene May Be the Most Remarkable Substance Ever Discovered. But What's It For?" *The New Yorker* 22 (2014): 29.

2.9 Kroto, Harold W., James R. Heath, Sean C. O'Brien, Robert F. Curl, and Richard E. Smalley. "C_{60}: Buckminerfullerene" *Nature* 318, no. 6042 (1985): 162–63.

2.10 Ibid.

2.11 Krätschmer, Wolfgang, and Donald R. Huffman. "Production and Discovery of Fullerites: New Forms of Crystalline Carbon." *Philosophical Transactions of the Royal Society of London. Series A: Physical and Engineering Sciences* 343, no. 1667 (1993): 33–38.

第 3 章

3.1 Hazen, Robert. "How Old Is Earth, and How Do We Know?" *Evolution:Education and Outreach* 3 (2010), 198–205.

3.2 Reilly, Lucas. "The Most Important Scientist You've Never Heard Of." Mental Floss. May 17, 2017. https://www.mentalfloss.com/article/94569/clair -patterson-scientist-who-determined-age-earth-and-then-saved-it.

3.3 Croswell, Ken. "An Elemental Problem with the Sun." *Scientific American.* July 1, 2020. https://www.scientificamerican.com/article/an-elemental-problem-with -the-sun/.

3.4 Gail, Hans-Peter, Mario Trieloff. "Spatial Distribution of Carbon Dust in the Early Solar Nebula and the Carbon Content of Planetisimals." *Astronomy and Astrophysics* 606, no. A16 (2017). https://www.aanda.org/articles/aa/full_html/2017/10/aa30480-17/aa30480-17.html.

3.5 Hirose, Kei, Bernard Wood, and Lidunka Vočadlo. "Light Elements in the Earth's Core." *Nature Reviews Earth and Environment* 2, no. 9 (2021): 645–58.

3.6 Fischer, Rebecca A., Elizabeth Cottrell, Erik Hauri, Kanani K. M. Lee, and Marion Le Voyer. "The Carbon Content of Earth and Its Core." *Proceedings of the National Academy of Sciences* 117, no. 16 (2020): 8743–49.

3.7 Ahrer, Eva-Maria, Lili Alderson, Natalie M. Batalha, Natasha E. Batalha, Jacob L. Bean, et al. "Identification of Carbon Dioxide in an Exoplanet Atmosphere." arXiv preprint arXiv:2208.11692 (2022).

第 4 章

4.1 Bottke, William F., and Marc D. Norman. "The Late Heavy Bombardment." *Annual Review of Earth and Planetary Sciences* 45 (2017): 619–47.

4.2 Gözen, Irep, Elif Senem Köksal, Inga Põldsalu, Lin Xue, Karolina Spustova, Esteban Pedrueza-Villalmanzo, Ruslan Ryskulov, Fanda Meng, and Aldo Jesorka. "Protocells: Milestones and Recent Advances." *Small* 18, no. 18 (2022): e2106624. https://www.doi.org/10.1002/smll.202106624.

4.3 Weiss, Madeline C., Martina Preiner, Joana C. Xavier, Verena Zimorski, and William F. Martin. "The Last Universal Common Ancestor between Ancient Earth Chemistry and the Onset of Genetics." *PLoS Genetics* 14, no. 8 (2018): e1007518.

4.4 Trefil, James, Harold J. Morowitz, and Eric Smith. "The Origin of Life: A Case Is Made for the Descent of Electrons." *American Scientist* 97, no. 3 (2009): 206–13.

4.5 Olejarz, Jason, Yoh Iwasa, Andrew H. Knoll, and Martin A. Nowak. "The Great Oxygenation Event as a Consequence of Ecological Dynamics Modulated by Planetary Change." *Nature Communications* 12, no. 1 (2021): 1–9.

4.6 Kopp, Robert E., Joseph L. Kirschvink, Isaac A. Hilburn, and Cody Z. Nash. "The Paleoproterozoic Snowball Earth: A Climate Disaster Triggered by the Evolution of Oxygenic Photosynthesis." *Proceedings of the National Academy of Sciences* 102, no. 32 (2005): 11131–36.

4.7 Ward, P. D., and D. Brownlee. "*Rare Earth: Why Complex Life Is Uncommon in the Universe.*" New York: Copernicus Books, 2000.

4.8 Schulte, Peter, Laia Alegret, Ignacio Arenillas, José A. Arz, Penny J. Barton, Paul R. Bown, Timothy J. Bralower, et al. "The Chicxulub Asteroid Impact and Mass Extinction at the Cretaceous-Paleogene Boundary." *Science* 327, no. 5970 (2010): 1214–18.

4.9 Kasting, James. *How to Find a Habitable Planet*. Princeton, NJ: Princeton University Press, 2010.

4.10 Parker, Eric T., James H. Cleaves, Aaron S. Burton, Daniel P. Glavin, Jason P. Dworkin, Manshui Zhou, Jeffrey L. Bada, and Facundo M. Fernández. "Conducting Miller-Urey Experiments." *JoVE (Journal of Visualized Experiments)* 83 (2014): e51039.

第 5 章

5.1 McCray, Richard, and Theodore P. Snow. "The Violent Interstellar Medium." *Annual Review of Astronomy and Astrophysics* 17 (1979): 213–40.

5.2 Kudritzki, Rolf-Peter, and Joachim Puls. "Winds from Hot Stars." *Annual Review of Astronomy and Astrophysics* 38, no. 1 (2000): 613–66.

5.3 Cox, Nick L. J. "The Diffuse Interstellar Bands: An Elderly Astro-Puzzle Rejuvenated." *The Molecular Universe, Proceedings of the International Astronomical Union, IAU Symposium* 280 (2011): 162–76.

5.4 Ehrenfreund, Pascale, and Jan Cami. "Cosmic Carbon Chemistry: From the Interstellar Medium to the Early Earth." *Cold Spring Harbor Perspectives in Biology* 2, no. 12 (2010): a002097.

5.5 Borucki, William J. "KEPLER Mission: Development and Overview." *Reports on Progress in Physics* 79, no. 3 (2016): 036901. https://www.doi.org/10.1088/0034-4885/79/3/036901.

5.6 Young, E. D., A. Shahar, and H. E. Schlichting. "Earth Shaped by Primordial H_2 Atmospheres." *Nature* 616 (2023): 306–11.

5.7 Allen-Sutter, Harrison, E. Garhart, K. Leinenweber, V. Prakapenka, E. Greenberg, and S-H. Shim. "Oxidation of the Interiors of Carbide Exoplanets." *Planetary Science Journal* 1, no. 2 (2020): 39.

5.8 Burchell, Mark J. "W(h)ither the Drake Equation?" *International Journal of Astrobiology* 5, no. 3 (2006): 243–50.

5.9 Greshko, Michael. "Frank Drake, Pioneer in the Search for Alien Life, Dies at 92." *National Geographic*. September 2, 2022. https://www.nationalgeographic.com/science/article/frank-drake-pioneer-in-the-search-for-alien-life-dies-at-92.

第 6 章

6.1 Brown, Malcolm W. "Alcohol-Laden Cloud Holds the Story of a Star." *New York Times*, May 30, 1995. https://www.nytimes.com/1995/05/30/science/alcohol-laden-cloud-holds-the-story-of-a-star.html.

6.2 Weart, Spencer. "Roger Revelle's Discovery." American Institute of Physics. August 2022. https://history.aip.org/climate/Revelle.htm.

6.3 Bennett, Matthew R., David Bustos, Jeffrey S. Pigati, Kathleen B. Springer, Thomas M. Urban, Vance T. Holliday, Sally C. Reynolds, et al. "Evidence of Humans in North America during the Last Glacial Maximum." *Science* 373, no. 6562 (2021): 1528–31.

6.4 Miyake, Fusa, Kentaro Nagaya, Kimiaki Masuda, and Toshio Nakamura. "A Signature of Cosmic-Ray Increase in AD 774–775 from Tree Rings in Japan," *Nature* 486, (2012): 240–42.

第 7 章

7.1 Smith, Evan M., Steven B. Shirey, and Wuyi Wang. "The Very Deep Origin of the World's Biggest Diamonds." *Gems and Gemology* 53, no. 4 (2017): 388–403.

7.2 Smith, Evan M., Steven B. Shirey, Stephen H. Richardson, Fabrizio Nestola, Emma S. Bullock, Jianhua Wang, and Wuyi Wang. "Blue Boron-Bearing Diamonds from Earth's Lower Mantle." *Nature* 560 (2018): 84–87.

7.3 Smith, Evan M., and Fabrizio Nestola. "Super-Deep Diamonds: Emerging Deep Mantle Insights from the Past Decade." *Mantle Convection and Surface Expressions* (2021): 179–92.

7.4 Pappas, Stephanie. "Ultra Rare Diamond Suggests Earth's Mantle Has an Ocean's Worth of Water." *Scientific American.* September 26, 2022. https://www.scientificamerican.com/article/oceans-worth-of-water-hidden-deep-in-earth-ultra-rare-diamond-suggests/.

7.5 Boissoneault, Lorraine. "The True Story of the Koh-i-Noor Diamond—and Why the British Won't Give It Back." *Smithsonian Magazine.* August 30, 2017. https://www.smithsonianmag.com/history/true-story-koh-i-noor-diamondand-why-british-wont-give-it-back-180964660/.

第 8 章

8.1 Weart, Spencer. "The Discovery of Global Warming." American Institute of Physics. April 2022. https://history.aip.org/climate/index.htm.

8.2 Kasting, James F., and Janet L. Siefert. "Life and the Evolution of Earth's Atmosphere." *Science* 296, no. 5570 (2002): 1066–68.

8.3 Crutzen, Paul J. "Geology of Mankind: The Anthropocene." *Nature* 415, no. 23 (2002).

8.4 Howe, Joshua P. "This Is Nature; This Is Un-nature: Reading the Keeling Curve." *Environmental History* 20, no. 2 (2015): 286–93.

8.5 Summerhayes, Colin P. *Paleoclimatology: From Snowball Earth to the Anthropocene.* Hoboken, NJ: John Wiley & Sons, 2020.

8.6 Steffen, Will, Johan Rockström, Katherine Richardson, Timothy M. Lenton, Carl Folke, Diana Liverman, Colin P. Summerhayes, et al. "Trajectories of the Earth System in the Anthropocene." *Proceedings of the National Academy of Sciences* 115, no. 33 (2018): 8252–59.

8.7 Jackson, Roland. "Who Discovered the Greenhouse Effect?" The Royal Institution. 2019. https://www.rigb.org/explore-science/explore/blog/who-discovered-greenhouse-effect.

8.8 Weart, Spencer. "The Discovery of Global Warming." American Institute of Physics. April 2022. https://history.aip.org/climate/index.htm.

8.9 Stefaniuk, Damian, Marcin Hajduczek, James C. Weaver, Franz J. Ulm, and Admir Masic. "Cementing CO2 into C-S-H: A Step toward Concrete Carbon Neutrality." *PNAS Nexas* 2, no. 3 (2023): 1–5. https://academic.oup.com/pnasnexus/article/2/3/pgad052/7089570.

8.10 Wei-Haas, Maya. "We Are Missing at Least 145 Carbon-Bearing Minerals, and You Can Help Find Them." *Smithsonian Magazine*. December 17, 2015. https://www.smithsonianmag.com/science-nature/we-are-missing-145-carbon-bearing-mineral-you-can-help-find-them-180957575/.

8.11 Ward, Peter Douglas. *Rivers in Time: The Search for Clues to Earth's Mass Extinctions.* New York: Columbia University Press, 2000.

第 9 章

9.1 Beers, Timothy C., and Norbert Christlieb. "The Discovery and Analysis of Very Metal-Poor Stars in the Galaxy." *Annual Review of Astronomy and Astrophysics* 43 (2005): 531–80.

9.2 Drake, Nadia. "The Most Ancient Galaxies in the Universe Are Coming into View." *National Geographic*. January 26, 2023. https://www.nationalgeographic.com/magazine/article/nasa-jwst-most-ancient-galaxies-in-universe-coming-into-view.

9.3 Overbye, Dennis. "Who Will Have the Last Word on the Universe?" *New York Times*, May 2, 2023.

9.4 O'Callaghan, Jonathan. "At Last, Astronomers May Have Seen the Universe's First Stars," *Scientific American*. June 13, 2023. https://www.scientificamerican.com/article/at-last-astronomers-may-have-seen-the-universes-first-stars/.

9.5 Spilker, Justin S., Kedar A. Phadke, Manual Aravena, et al. "Spatial Variations in Aromatic Hydrocarbon Emission in a Dust-Rich Galaxy." *Nature*. June 5, 2023.